把生活和未来

过成你想要的样子

连 山 〉编著

中国华侨出版社
北京

　　米兰·昆德拉说："生活是一张永远无法完成的草图，是一次永远无法正式上演的彩排，人们在面对抉择时完全没有判断的依据。我们既不能把它们与我们以前的生活相比，也无法使其完美之后再来度过。"人生就像一场众人的独欢，总有形形色色的人穿梭往来，总会发生各种各样的事，而其中冷暖只有自己才能体会。只有经过生活的洗礼，我们的内心才能渐渐丰盈，才能对生活有更深层次的理解。

　　活成自己喜欢的样子，那是一种美好。每个人都想要活得快乐、自由，但我们却经常从别人身上寻找自己，而把真正的自己遗忘在角落。你对自己的人生做过何种思考？要知道，读懂人生，才能成就一生。苏格拉底曾说："人生就是一次无法重复的选择。"每个人都会面临来自生活、工作和社会的各种各样的压力与问题，就算生活中有太多的失望，也希望你能试着接受，并且学着不为难自己。

　　我喜欢许多不实用的东西，我喜欢充足的沉思时间，我喜欢对着一盏昏灯听雨，我喜欢出其不意地去拜访朋友，我不喜欢精确地分配时间，不喜欢紧张地安排节目……生活和未来有千百万种可能，总有一种是你想要的样子。活在盛放，也活在凋谢；活在烦恼，也活在智慧；活在不安，也活在止息。所谓一生活过几生，关键的问题不在长度而在宽度，勇敢地选择不一样的生活，多一次冒险，就多一次体验不同人生的机会。

请记住：会令你为难的人，本身也不见得有多在乎你，如果一件事，一开始就令你不舒服，那么，越早拒绝越好。别和往事过不去，因为它已经过去；别和世界过不去，因为你还要过下去。没有人可以随随便便幸福，就算我们暂时不能拥有，那么看着别人拥有并且自省，心存的也该是对幸福的向往，然后付出自己的努力。愿我们在最好的年华里成为更好的自己，按照自己喜欢的方式过一生，把生活和未来过成我们想要的样子。

目录

第三辑　看似生活对你的亏欠，其实都是祝愿

第四辑　不要害怕生命会结束，要担心它从未开始

第五辑　你是真的拼尽一切，还是不够努力

第六辑　优秀的人，从来不会输掉修养

第七辑　人生很长，你首先要和自己和解

第八辑　成为一个不惑、不忧、不惧的人

第九辑　谁不是学着去爱

把生活和未来过成你想要的样子

第一辑

独立美好地过一生，
活出自己喜欢的模样

比进入别人的世界更重要的，是打开自己的世界

一位诗人说过："不可能每个人都当船长，必须有人来当水手，问题不在于你干什么，重要的是能够做一个最好的你。"把身边的工作做好，就是成功。

一大早，格尔开着小型运货汽车来了，车后扬起一股尘土。

他卸下工具后就干起活来。格尔会刷油漆，也会修修补补；能干木匠活，也能干电工活；修理管道，整理花园；他会铺路，还会修理电视机；他是个心灵手巧的人。

格尔已经上了年纪，走起路来步子缓慢、沉重，头发理得短短的，裤腿留得很长，他给别人干活。

他的主人有几间草舍，其中有一间，格尔在夏天租用。每年春天格尔把自来水打开，到了冬天再关上。他把洗碗机安置好，把床架安置好，还整修了路边的牲口棚。

格尔摆弄起东西来就像雕刻家那样有权威，那种用自己的双手工作的人才有的权威。木料就是他的大理石，他的手指在上边摸来摸去，摸索什么，别人不太清楚。一位朋友认为这是他自己

如果你能心无旁骛、专心致志地做好自己的事，做最好的自己，你就能在不知不觉中超越他人，跨越平庸的鸿沟，脱颖而出。

的问候方式，接近木头就像骑手接近马一样，安抚它，使它平静下来。而且，他的手指能"看到"眼睛看不到的东西。

有一天，格尔在路那头为邻居们盖了一个小垃圾棚。垃圾棚被隔成3间，每间放一个垃圾桶。棚子可以从上边打开，把垃圾袋放进去，也可以从前边打开，把垃圾桶挪出来。小棚子的每个盖子都很好使，门上的合页也安得严丝合缝。

格尔把垃圾棚漆成绿色，晾干。一位邻居走过去一看，为这竟是一个人做的而不是在什么地方买的而感到惊异。邻居用手抚摩着光滑的油漆，心想，完工了。不料第2天，格尔带着一台机器回来了。他把油漆磨毛了，不时地用手摸一摸。他说，他要再涂一层油漆。尽管照别人看来这已经够好了，但这不是格尔干活的方式。经他的手做出来的东西，都看上去不像是自己家做的。

在格尔的天地中，没有什么神秘的东西，因为那都是他在某个时候制作的、修理的，或者拆卸过的。保险盒、牲口棚、村舍全出自格尔的手。

格尔的主人们从事着复杂的商业性工作。他们发行债券，签订合同。格尔不懂如何买卖证券，也不懂怎样办一家公司。但是当做上面提到的那些事时，他们就去找格尔，或找像格尔这样的人。他们明白格尔所做的是实实在在的、很有价值的工作。

当一天结束的时候，格尔收拾工具放进小卡车，然后把车开走了。他留下的是一股尘土，以致还有一个想不通的小伙伴。这个人纳闷，为什么格尔做得这样多，可得到的报酬却这样少。

把生活和未来过成你想要的样子

然而，格尔又回来干活了，默默无语，独自一人，没有会议，也没有备忘录，只有自己的想法。他认为该干什么活就干什么活，自己的活自己干，也许这就是自由的一个很好的定义。

你有权按自己的曲子跳舞

一个物质生活颇为优越的商人，处处与别人比较，他不允许自己得到的东西比别人差。他做到了，他成了交际圈中的佼佼者。可是，他的内心却没有丝毫快乐可言。他为了寻找到自己的快乐，决定出门旅行。

有一天，他来到了一个很偏僻的村寨，这里相对封闭，人们的生活很俭朴。可是，他发现村民们活得非常快乐。一到晚上，人们吃罢晚饭，就在一片空地上点起篝火，乐师们弹起他们心爱的乐器，男女老少一起载歌载舞，将欢声笑语洒在村寨的每一个角落。从他们的神态中，除了快乐看不到一丝一毫的忧愁。他们有什么值得快乐的资本呢？商人百思不得其解。

一个晚上，在村民们跳舞的间隙，商人与一位年长的乐师攀谈，他问乐师："为什么你们总是那么快乐？"老乐师听了他的话并没有马上回答，而是拿起乐器，弹起了一首曲子，老乐师对他说："年轻人，跳起来吧，按照你自己心中的那只曲子跳舞，而不要受我的影响。我相信你会找到答案的。"就这样，他真的跳了起来，而且没有受乐曲的一点影响。虽然，他跳得很累，但是不知怎么回事，一场舞跳下来，他却很轻松、很惬意，那是一种他从来也没有感受过的快乐。而就在他静下来的一刹那，心中突然一亮，他真正地明白了，原来，获得快乐的秘诀，就是按自己的曲子跳舞。

当你足够好，才配得起更好

一位名叫希瓦勒的乡村邮递员，每天徒步奔走在各个村庄之间。有一天，他在崎岖的山路上被一块石头绊倒了。

他发现，绊倒他的那块石头样子十分奇特，他拾起那块石头，左看右看，有些爱不释手了。

于是，他把那块石头放进自己的邮包里。村子里的人们看到他的邮包里除了信件之外，还有一块沉重的石头，都感到很奇怪，便好意地对他说："把它扔了吧，你还要走那么多路，这可是一个不小的负担。"

他取出那块石头，炫耀地说："你们看，有谁见过这样美丽

很多人抱怨生活中缺少或没有光明，这是因为他们自己缺少或没有希望的缘故。无论在多么艰难的困境中，只要活在希望中，就会看到光明。

的石头？"

人们都笑了："这样的石头山上到处都是，够你捡一辈子。"

回到家里，他突然产生一个念头，如果用这些美丽的石头建造一座城堡，那将是多么美丽啊！

于是，他每天在送信的途中都会找几块好看的石头。不久，他便收集了一大堆，但离建造城堡的数量还远远不够。

于是，他开始推着独轮车送信，只要发现中意的石头，就会装上独轮车。

此后，他再也没有过上一天安闲的日子，白天他是一个邮差和一个运输石头的苦力，晚上他又是一个建筑师。他按照自己天马行空的想象来构造自己的城堡。

所有的人都感到不可思议，认为他的大脑出了问题。

20 多年以后，在他偏僻的住处，出现了许多错落有致的城堡，当地人都知道有这样一个性格偏执、沉默不语的邮差，在干一些如同小孩建筑沙堡的游戏。

1905 年，美国波士顿一家报社的记者偶然发现了这群城堡，这里的风景和城堡的建造格局令他慨叹不已，为此写了一篇介绍希瓦勒的文章。文章刊出后，希瓦勒迅速成为新闻人物。许多人都慕名前来参观，连当时最有声望的大师级人物毕加索也专程来参观了他的建筑。

在城堡的石块上，希瓦勒当年刻下的一些话还清晰可见，有一句就刻在入口处的一块石头上："我想知道一块有了愿望的石

把生活和未来过成你想要的样子

头能走多远。"

据说，这就是那块当年绊倒希瓦勒的第一块石头。

其实有愿望的不是石头，而是我们的内心有了一股强大的信念，这个信念就是要过自己向往的生活。

许多人之所以不平凡，是因为他们能够清醒地认识到一点：自己想过什么生活，想要什么样的人生。当他们有了自己的梦想以后，任何困难都是微不足道的。

怀有成为珍珠的信念

很久很久以前，有一个养蚌人，他想培养一颗世上最大、最美的珍珠。

他去海边沙滩上挑选沙砾，并且一颗一颗地问那些沙砾，愿不愿意变成珍珠。那些沙砾一颗一颗都摇头说不愿意。养蚌人从清晨问到黄昏，他都快要绝望了。

就在这时，有一颗沙砾答应了他。

旁边的沙砾都嘲笑那颗沙砾，说它太傻，去蚌壳里住，远离亲人、朋友，见不到阳光、雨露、明月、清风，甚至还缺少空气，只能与黑暗、潮湿、寒冷、孤寂为伍，不值得。

可那颗沙砾还是无怨无悔地随着养蚌人去了。

斗转星移，几年过去了，那颗沙砾已长成了一颗晶莹剔透、价值连城的珍珠，而曾经嘲笑它傻的那些伙伴们，却依然只是一堆沙砾，有的已风化成土。

也许你只是众多沙砾中最平凡的一颗，但如果你有要成为一颗珍珠的信念，并且忍耐、坚持，当走过黑暗与苦难的长长隧道之后，你或许会惊讶地发现，平凡如沙砾的你，在不知不觉中，已长成了一颗珍珠。每颗珍珠都是由沙子磨砺出来的，能够成为珍珠的沙砾都有着成为珍珠的坚定信念，并无怨无悔。沙砾之所以能成为珍珠，只是因为它有成为珍珠的信念。芸芸众生中，我们原本只是一粒粒平凡的沙子，但只要怀有成为珍珠的信念，你终会长成一颗珍珠的。

永远保留希望，永远相信自己

希望和欲念是生命不竭的原因所在。记住，无论在什么境况下，我们都必须有继续向前行的信心和勇气，生命的生动在于我们满怀希望，不懈追求。

有一个老人，刚好 100 岁那年，不仅功成名就，子孙满堂，而且身体硬朗，耳聪目明。在他百岁生日的这一天，他的子孙济济一堂，热热闹闹地为他祝寿。

在祝寿中，他的一个孙子问："爷爷，您这一辈子中，在那么多领域做了那么多的成绩，您最得意的是哪一件呢？"

老人想了想说："是我要做的下一件事情。"

另一个孙子问："那么，您最高兴的一天是哪一天呢？"

老人回答："是明天，明天我就要着手新的工作，这对于我来说是最高兴的事。"

这时，老人的一个重孙子，虽然还不到 30 岁，但已是名闻天下的大作家了，站起来问："那么，老爷爷，最令您感到骄傲的子孙是哪一个呢？"说完，他就支起耳朵，等着老人宣布自己的名字。

没想到老人竟说："我对你们每个人都是满意的，但要说最满意的人，现在还没有。"

这个重孙子的脸陡地红了，他心有不甘地问："您这一辈子，没有做成一件感到最得意的事情，没有过一天最高兴的日子，也没有一个令您最满意的孙子，您这 100 年不是白活了吗？"

此言一出，立即遭到了几个叔叔的斥责。老人却不以为忤，反而哈哈大笑起来："我的孩子，我来给你说一个故事：一个在沙漠里迷路的人，就剩下半瓶水。整整 5 天，他一直没舍得喝一口，后来，他终于走出大沙漠。现在，我来问你，如果他当天喝完那瓶水的话，他还能走出大沙漠吗？"

老人的子孙们异口同声地回答："不能！"

老人问："为什么呢？"

他的重孙子作家说："因为他会丧失希望和欲念，他的生命很快就会枯竭。"

老人问："你既然明白这个道理，为什么不能明白我刚才的回答呢？希望和欲念，也正是我生命不竭的原因所在呀！"

生命在于永不放弃，我们的事业也如此，有希望在，我们就有了前进的方向，就有了不竭的动力。

你的人生只要对你自己有意义就可以了

人要主宰自己的命运，做自己的主人。

"老师让我去报名参加那个拼写竞赛。"13岁的安琪一回到家就告诉父母。

"太好了，你已经报名了吗？"

"还没有呢。"

"为什么，宝贝？"父母奇怪地问。

"我有点害怕，台下可能会有许多人看着。"安琪很激动，她在家一向是个听父母话的孩子，在学校平时也不爱多说话，但是学习成绩很好。

"我想你还是先报个名吧，你可以很好地锻炼自己的。不过这事儿你还是得自己决定。"

父母离开了安琪的屋子。过了两天之后，学校老师打来电话，让安琪的父母说服安琪去报名参加拼写竞赛。

安琪回到家后，父母又跟她谈了话，父母对她说："首先，我们并不是强迫你一定要报名，这件事还是你来作决定，但是我们可以谈谈关于参加竞赛的利弊。参加竞赛可以锻炼自己的意志，锻炼自己的智力，还能增强自己的信心。比赛赢了更好，没有得名次，也是无关紧要的，我们不在乎。因为你在我们的心目中是很有能力的孩子，这点并不需要用竞赛的名次来证明。"

父母又对她说：“老师打电话来说，他也很相信你的能力。我们对你的比赛结果都不太关心，关心的只是你是不是想用这一次机会去锻炼自己。”

有这样开明的父母的鼓励和支持，最后安琪还是报名了。

安琪的父母知道安琪很聪明，只是她太胆小了。她不敢想象如果自己站在台上面对那么多的观众拼写单词会是一种什么样的感觉。她的父母很想让安琪见一见世面，而这就是一个很好的机会。还有，父母想让安琪通过这一次机会来证明她自己的能力，也好好地锻炼自己的胆量，发现自己的一些潜力，明白自己只是有些发怵，需要自己的父母给加油，同时，又能够消除得一个名次的压力。

安琪的父母对安琪充满了信心，但他们并不催促安琪，而是让她自己来作这一决定。

通过这件事，安琪增强了自己的独立性和勇气，而父母则很满意自己鼓励了安琪，使她没有失去一个很好的锻炼自己的机会。

要驾驭命运，从近处说，要自主地选择学校，选择书本，选择朋友，选择服饰；从远处看，则要不被种种因素制约，自主地选择自己的事业、爱情和大胆地追求崇高的理想。

你的一切成功、一切造就，完全取决于你自己。

你应该掌握前进的方向，把握住目标，让目标似灯塔般在高远处闪光；你应该独立思考，有自己的主见，懂得自己解决人若失去自己，是一种不幸；人若失去自主，则是人生最大的缺憾。

问题。你不应相信有救世主，不该信奉什么神仙或皇帝，你的品格、你的作为，你所有的一切都是你自己行为的产物，并不能靠其他什么东西来改变。在生活道路上，你必须善于作出抉择，不要总是踩着别人的脚步走，不要总是听凭他人摆布，而要勇敢地驾驭自己的命运，调控自己的情感，做自己的主宰，做命运的主人。

主宰自己的命运

　　年轻的亚瑟国王被邻国的伏兵抓获。邻国的君主并没有杀他，而是向他提出了一个非常难的问题，并承诺只要亚瑟回答得上来，他就可以给亚瑟自由。亚瑟有一年的时间来思考这个问题，如果一年期满还不能给他答案，亚瑟就会被处死。

　　这个问题是：女人真正想要的是什么？

　　这个问题令许多有学识的人困惑不解，何况年轻的亚瑟。但求生的欲望使亚瑟接受了国王的命题——在一年的最后一天给他答案。

　　亚瑟回到自己的国家，开始向每个人征求答案：公主、妓女、牧师、智者、宫廷小丑。他几乎问了所有的人，答案五花八门，有的说是男人，有的说是孩子，有的说是金钱，还有的说是地位，但没有一个答案可以令他满意。最后，人们建议亚瑟去请教一个女巫，也许她能够知道答案。但是他们警告他，女巫会提出一些稀奇古怪的条件，这些条件往往使人们不敢向她求助。

　　一年的最后一天到了，亚瑟别无选择，只好去找女巫试试看。女巫答应回答他的问题，但他必须首先接受她的交换条件：让她和加温结婚。而加温是高贵的圆桌武士之一，是亚瑟最亲密的朋友。亚瑟惊骇极了，看看女巫：驼背，丑陋不堪，只有一颗牙齿，身上发出臭水沟般难闻的气味，而且经常发出猥亵的声音。他从

把生活和未来过成你想要的样子

没有见过如此丑陋不堪的怪物。他拒绝了，他不能让他的朋友为了救他而牺牲自己的幸福。

加温知道这个消息后，对亚瑟说："我同意和女巫结婚。对我来说，没有比拯救你的生命更重要的了。"亚瑟感动极了，深情地拥抱了他的朋友。于是亚瑟宣布了婚礼的日期，女巫也回答了亚瑟的问题：女人真正想要的是可以主宰自己的命运。

人们都明白了女巫说出的是真理，于是邻国的君主如约给了亚瑟永远的自由。

加温的婚礼如约举行，而亚瑟也陷入了深深的痛苦之中。这是怎样的婚礼呀——加温一如既往地温文尔雅，而女巫却在婚礼上表现出非常丑陋的行为：蓬头垢面，用嘶哑的喉咙大声讲话，还用手抓东西吃。她的言行举止让所有的宾客都感到恶心，大家也都深切地同情加温。

新婚之夜对于所有的人都是美妙的，但对加温却是异常可怕的，但它终究还是到了。然而，加温走进新房，却被眼前的景象惊呆了：一个他从没见过的美丽少女斜倚在婚床上！加温忽然如入梦境，不知这到底是怎么回事。

少女回答说："我也曾被别人施以魔咒，我自己在一天的时间里一半是丑陋的，另一半是美丽的。你愿意怎样分配这丑陋与美丽呢？"

多么残忍的问题呀！加温开始面对他的两难选择：是在白天向朋友们展示自己的美丽妻子，而在夜晚自己的屋子里，面对一个如幽灵般又老又丑的女巫呢，还是在白天拥有一个丑陋的女巫妻子，但在晚上与一个美丽的女人共度亲密时光呢？出乎意料的是，加温没有做任何选择，只是对他的妻子说："既然女人最想要的是主宰自己的命运，那么就由你自己决定吧！"

少女眼中闪着泪光，动情地说："谢谢你替我解除了诅咒，当有一个男人愿意让我主宰自己命运的时候，诅咒就会自动失效了。那么，我要告诉你，我会选择白天和夜晚都是美丽的女人，因为我爱你。"

如果不能坚持自我，还怎么过好一生

汤姆成长于环境复杂的纽约市劳工区切尔西。时值嬉皮士时代，汤姆身穿大喇叭裤，头顶阿福柔犬蓬蓬头，脸上涂满五颜六色的彩妆，为此，常遭到住家附近各类人士的批评。

有一天晚上，汤姆跟邻居友人约好一起去看电影。时间到了，汤姆身穿扯烂的吊带裤，一件绑染衬衫，头顶阿福柔犬蓬蓬头。当汤姆出现在朋友面前时，朋友看了汤姆一眼，然后说："你应该换一套衣服。"

"为什么？"汤姆很困惑。

"你打扮成这个样子，我才不要跟你出门呢。"

汤姆怔住了："要换你换。"于是朋友走了。

当汤姆跟朋友说话时，母亲正好站在一旁。这时，她走向汤姆："你可以去换一套衣服，然后变得跟其他人一样。但你如果不想这么做，而且坚强到可以承受外界的嘲笑，那就坚持你的想法。不过，你必须知道，你会因此引来批评，你的情况会很糟糕，因为与大众不同本来就不容易。"

汤姆受到极大的震撼。因为汤姆明白，当他探索另类的生活方式时，没有人鼓励他，甚至支持他。当他的朋友说"你得去换一套衣服"时，他陷入两难抉择：倘若我今天为你换衣服，日后还得为多少人换多少次衣服？母亲看出了汤姆的决心，她看出他在向这类同化压力说"不"，看出他不愿为别人改变自己。

人们总喜欢评判一个人的外形，却不重视其内在。要想成为一个独立的个体，就要能承受这些批评。汤姆的母亲告诉他，拒绝改变并没有错，但她也警告他，拒绝与大众一致是一条漫长的路。

汤姆的一生始终摆脱不了与大

众一致的议题。当汤姆成名后，他也总听到人们说："他在这些场合为什么不穿皮鞋，反而要穿红黄相间的快跑运动鞋？他为什么不穿西装？他为什么跟我们不一样？"到头来，人们之所以受到他的吸引，学他的样子，又恰恰因为他与众不同。

愿你的青春不负梦想

1863 年冬天的一个上午，凡尔纳刚吃过早饭，正准备到邮局去，突然听到一阵敲门声。凡尔纳开门一看，原来是一个邮政工人。工人把一包鼓囊囊的邮件递到了凡尔纳的手里。一看到这样的邮件，凡尔纳就预感到不妙。自从他几个月前把他的第一部科幻小说《乘气球 5 周记》寄到各出版社后，经常收到这样的邮件。他怀着忐忑不安的心情拆开一看，上面写道："凡尔纳先生：尊稿经我们审读后，不拟刊用，特此奉还。某某出版社。"每次看到退稿信，凡尔纳心里都是一阵绞痛。这已经是第 15 次了，还是未被采用。

凡尔纳此时已深知，那些出版社的"老爷"们是看不起无名作者的。他愤怒地发誓，从此再也不写了。他拿起手稿向壁炉走去，准备把这些稿子付之一炬。凡尔纳的妻子赶过来，一把抢过手稿

把生活和未来过成你想要的样子

紧紧抱在胸前。此时的凡尔纳余怒未息，说什么也要把稿子烧掉。他妻子急中生智，以满怀关切的口气安慰丈夫："亲爱的，不要灰心，再试一次吧，也许这次能交上好运的。"听了这句话以后，凡尔纳抢夺手稿的手慢慢放下了。他沉默了好一会儿，然后接受了妻子的劝告，又抱起这一大包手稿到第16家出版社去碰运气。

这一次没有落空，读完手稿后，这家出版社立即决定出版此书。并与凡尔纳签订了20年的出书合同。

没有他妻子的疏导，没有为梦想持之以恒的勇气，我们也许根本无法读到凡尔纳笔下那些脍炙人口的科幻故事，人类就会失去一笔极其珍贵的精神财富。

世界上的事情就是这样，成功需要坚持梦想。这种素质的人常常创造出人间奇迹。弗洛伊德、拿破仑、贝多芬、凡·高，还有《吉尼斯世界大全》一书中所记载的诸多人物，不能不承认，是所有这些大大小小的人物使我们这个世界变得有声有色。他们都明显有一个共同点，即执着。他们执着地将他们热爱的某项事业推向极致，什么也阻止不了他们——除了自身的死亡。

过你想要的生活，就能有美好的体验

艾森豪威尔年轻时经常和家人一起玩纸牌游戏。母亲总告诫他要"打好自己手中的牌"，他对这句话总是不甚理解。

一天晚饭后，他像往常一样和家人打牌。这一次，他的运气简直差到了极点，每次得到的都是很差的牌。他开始抱怨，最后，竟发起了少爷脾气。

一旁的母亲看到他这个样子，正色道："既然要打牌，你就必须用自己手中的牌打下去，不管牌是好是坏。谁也不可能永远都有好运气！"

艾森豪威尔对妈妈的这种理论已经厌倦了，刚要争辩，却听到母亲接着说："我们的人生又何尝不像这打牌一样啊！发牌的是上帝。不管你手中的牌是好是坏，你都必须拿着，你都必须面对。你能做的，就是让浮躁的心情平静下来，然后认真对待，把自己的牌打好，力争达到最好的效果。这样打牌，这样对待人生才有意义啊！"

艾森豪威尔此后一直牢记母亲的话，无论遇到什么情况，都会尽全力打好自己手中的牌。就这样，他一步一个脚印地向前迈进，成为中校、盟军统帅，最后登上了美国总统之位。

第二辑

请停止在毫无意义的
执着上浪费时间

挥别错的，才能和对的相逢

地图上的路有千百条，但你找不到一条始终笔直平坦的路。人生的道路也是这样，充满崎岖坎坷。如果你想选择一条始终笔直平坦的路，那你将无路可走。

生活是曲折漫长的征途——既有荒凉的大漠，也有深幽的峡谷；既有横亘的高山，也有断路的激流。只有矢志不渝地前进，才能赢得光辉的未来；只有顽强不息地攀越，才能登上理想的巅峰。

人生道路，就是这么不平坦，坑坑洼洼、曲曲折折——既有得意者的欢欣，也有失败者的泪水；既有顺利时的喜悦，又有受挫时的苦恼。正由于人生像条曲线，生命才变得充实而有意义。当一个人走完了自己的坎坷旅程，蓦然回首时，他定会为自己留下的曲折而执着的印记而欣慰，对大千世界报以满意的一瞥……人生的曲线，给人信心，给人希望，激人奋进，展示了人类奋斗的力量和生命的美。的确，既然人生是一条曲线，我们畏头缩颈又有何用？倒不如昂起头来，大踏步前进。

地图上的路有千百条，但每一条路都只能走向一个既定的目标。一个人，不可能同时向南又向北。路只能一步一步地走，目标只能一个一个地实现。你如果什么都想要，最终便什么也得不到。太多的幻想，往往使人不知如何选择。当你还在举棋不定时，别人或许已经到达目的地了。

托尔斯泰说："人生的目标是指路的明灯。没有人生目标，就没有坚定的方向；而没有方向，就没有生活。"在人生的竞赛场上，无论一个多么优秀、素质多么好的人，如果没有确立一个鲜明的人生目标，也很难取得事业上的成功。许多人并不乏信心、能力、智力，只是没有确立目标或没有选准目标，所以没有走上成功的道路。这道理很简单，正如一位百发百中的神射击手，如果他漫无目标地乱射，也不会在比赛中获胜。

人生地图上的路有千百条，选择什么样的路，当量力而行。要学会选择，学会审时度势，学会扬长避短。只有量力而行的睿智选择才会拥有更辉煌的成功。"成名成家"固然风光，但绝不是每一个人都可以实现，"心想事成"只不过是美好的愿望。有信心是重要的，虽然有信心不一定会赢，但没信心却一定会输。人生的学问，其实就是"量需而行，量力而行"。要想获得快乐的人生，最好不要一味地行色匆匆，不妨停下脚步，暂时休息一会儿，想一想自己需要什么、需要多少。想一想有没有这样的情况：有些东西明明是需要的，你却误以为自己不需要；有些东西明明不需要，你却误以为自己需要；有些东西明明需要得不多，你却误以为需要很多；有些东西明明需要很多，你却误以为需要极少……

一张地图，一次人生，二者何其像也！

那些你失去的东西，让你走得更远

执着地对待生活，紧紧地把握生活，但又不能抓得过死，松不开手。人生这枚硬币，其反面正是那悖论的另一要旨：我们必须接受"失去"，学会放弃。

对善于享受简单和快乐的人来说，人生的心态只在于进退适时、取舍得当。

因为生活本身即是一种悖论：一方面，它让我们依恋生活的馈赠；另一方面，又注定了我们对这些礼物最终的舍弃。正如先师们所说：人生在世，紧握拳头而来，平摊两手而去。

有一位住在深山里的农民，经常感到环境艰险，难以生活，于是便四处寻找致富的方法。

一天，一位从外地来的商贩给他带来了一样东西，尽管在阳光下看去那只是一粒粒不起眼的种子。但据商贩讲，这不是一般的种子，而是一种叫作"苹果"的水果的种子，只要将其种在土壤里，两年以后，就能长成一棵棵苹果树，结出数不清的果实，拿到集市上，可以卖好多钱呢！

欣喜之余，农民急忙将苹果种子小心收好，但脑海里随即涌现出一个问题。

既然苹果这么值钱、这么好，会不会被别人偷走呢？于是，他特意选择了一块荒僻的山野来种植这种颇为珍贵的果树。

经过近两年的辛苦耕作，浇水施肥，小小的种子终于长成了一棵棵苗壮的果树，并且结出了累累的硕果。

这位农民看在眼里，喜在心中。因为缺乏种子，果树的数量还比较少，但结出的果实肯定可以让自己过上好一点儿的生活。

他特意选了一个吉祥的日子，准备在这一天摘下成熟的苹果挑到集市上卖个好价钱。

当这一天到来时，他非常高兴，一大早，他便上路了。

但当他气喘吁吁爬上山顶时，心里猛然一惊，那一片红灿灿生活中，一扇门如果关上了，必定有另一扇门打开。失去了某些东西，必然会在其他地方有所收获。关键是，你要有乐观的心态，相信有失必有得。正确对待失去，有时失去也就是另一种获得。

　　　　把生活和未来过成你想要的样子

的果实，竟然被飞鸟和野兽们吃个精光，只剩下满地的果核。

想到这几年的辛苦劳作和热切期望，他不禁伤心欲绝，大哭起来。他的财富梦就这样破灭了。

在随后的岁月里，他的生活仍然艰苦，只能苦苦支撑下去，一天一天地熬日子。

不知不觉之间，几年的光阴如流水一般逝去。

一天，他偶然又来到了这片山野。当他爬上山顶后，突然愣住了。因为在他面前出现了一大片茂盛的苹果林，树上结满了累累的果实。

这是谁种的呢？在疑惑不解中，他思索了好一会儿才找到了一个出乎意料的答案。

这一大片苹果林都是他自己种的。

几年前，当那些飞鸟和野兽在吃完苹果后，就将果核吐在了地上，经过几年的生长，果核里的种子慢慢发芽，终于长成了一片更加茂盛的苹果林。

现在，这位农民再也不用为生活发愁了，这一大片林子中的苹果足以让他过上温饱的生活。

他转念一想，如果当年不是那些飞鸟和野兽们吃掉了这小片苹果树上的苹果，今天肯定没有这样一大片果林了。

人生没有什么不可放下

人就是这样，总是希望有所得，以为拥有的东西越多，自己就会越快乐。所以，这就迫使我们不停地追寻，不停地奔波。可是，有一天，我们忽然惊觉：我们忧郁、无聊、困惑、无奈……我们失去了快乐，其实，我们之所以不快乐，是我们渴望拥有的东西太多了，欲望的负累让我们迷失了自己。

懂得放弃才有快乐，背着包袱走路总是很辛苦。中国历史上，"魏晋风度"常受到称颂，魏晋人士不同于佛、老子、孔子，在入世的生活里，又有一份出世的心情，说到底，是一种不把心思凝结在一个死结上的心态。

我们在生活中，时刻都在取与舍中选择，我们又总是渴望取，渴望占有，常常忽略了舍，忽略了占有的反面：放弃。懂得了放弃的真意，也就理解了"失之东隅，收之桑榆"的妙谛。多一点中和的思想，静观万物，体会与世界一样博大的诗意，我们自然会懂得适时地放弃，这正是我们获得内心平衡，获得快乐的好方法。

每个人都有不同的发展道路，有着人生无数次的抉择。当机会接踵而来时，只有那些树立远大人生目标的人，才能作出正确的取舍，把握自己的命运。

树立了远大目标，面对人生的重大选择时就有了明确的衡量

把生活和未来过成你想要的样子

准绳。孟子曰："舍生取义。"这是他的选择标准，也是他人生的追求目标。

著名诗人李白有过"仰天大笑出门去，我辈岂是蓬蒿人"的名句，潇洒傲岸之中，透出自己建功立业的豪情壮志。凭借生花妙笔，他很快名扬天下，荣登翰林学士这一古代文人梦寐以求的事业巅峰。

但是一段时间之后，他发现自己不过是替皇上点缀升平的御用文人。这时的李白就面临一个选择，是继续安享荣华富贵，还是走向江湖穷困潦倒呢？以自己的追求目标作衡量标准，李白毅然选择了"安能摧眉折腰事权贵，使我不得开心颜"，弃官而去。

一些看似无谓的选择，其实是奠定我们一生重大抉择的基础，古人云："不积跬步，无以至千里；不积小流，无以成江海。"无论多么远大的理想、伟大的事业，都必须从小处做起，从平凡处做起，所以对于看似琐碎的选择，也要慎重对待，考虑选择的结果是否有益于自己树立的远大目标。

有这样一则故事：一只老鹰被人锁着。它见到一只小鸟唱着歌儿从它身旁掠过，想到自己……于是它用尽全身的力量，挣脱了锁链，可它也挣折了自己的翅膀。

它用折断的翅膀飞翔，没飞几步，它那血淋淋的身躯还是不得不栽落在地上。

老鹰向往小鸟的自由，挣脱了锁链，却牺牲了自己的翅膀。

自由如果要以牺牲自己的翅膀为代价，实际上也就牺牲了自由。

放弃，对每一个人来说，都是一个痛苦的过程，因为放弃意味着永远不再拥有，但是，不会放弃，想拥有一切，最终你将一无所有。如果你不放弃都市的繁华，就无法享受花前月下的静谧……生活给予我们每个人的都是一座丰富的宝库，但你必须学会放弃，选择适合你自己的，否则，生命将难以承受！

能改变时用尽全力，不能改变时坦然接受

人们习惯于对爬上高山之巅的人顶礼膜拜，实际上，能够及时主动从光环中隐退的下山者也是"英雄"。

有多少人把"隐退"当成"失败"。曾经有非常多的例子显示，对于那些惯于享受欢呼与掌声的人而言，一旦从高空中掉落下来，就像是艺人失掉了舞台，将军失掉了战场，往往因为一时难以适应，而陷入绝望的谷底。

心理专家分析，一个人若是能在适当的时间选择作短暂的隐退（不论是自愿还是被迫），都是一个很好的转机，因为它能让你留出时间观察和思考，使你在独处的时候找到自己内在真正的

世界。

唯有离开自己当主角的舞台，才能防止自我膨胀。虽然，失去掌声令人惋惜，但从长远来看，心理专家认为，"隐退"就是进行深层学习，一方面韬光养晦，另一方面重新上发条，平衡日后的生活。

当你志得意满的时候，是很难想象没有掌声的日子的。但如果你要一辈子获得持久的掌声，就要懂得享受"隐退"。

作家班塞说过一段令人印象深刻的话："在其位的时候，总觉得什么都不能舍，一旦真的舍了之后，又发现好像什么都可以舍。"做过杂志主编，翻译出版过许多知名畅销书的班塞，在40岁事业最巅峰的时候退下来，选择当个自由人，重新思考人生的出路。

40 岁那年，欧文从人事经理被提升为总经理。3 年后，他自动"开除"自己，舍弃堂堂"总经理"的头衔，改任没有实权的顾问。

正值人生最巅峰的阶段，欧文却奋勇地从急流中跳出，他的说法是："我不是退休，而是转进。"

"总经理"3 个字对多数人而言，代表着财富、地位，是事业身份的象征。

然而，短短 3 年的总经理生涯，令欧文感触颇深的，却是诸多的"无可奈何"与"不得而为"。

他全面地打量自己，他的工作确实让他过得很光鲜，周围想巴结自己的人更是不在少数，然而，除了让他每天疲于奔命，穷于应付之外，他其实活得并不开心。这个想法，促使他决定辞职，"人要回到原点，才能更轻松自在。"他说。

辞职以后，司机、车子一并还给公司，应酬也减到最低。不当总经理的欧文，感觉时间突然多了起来，他把大半的精力拿来写作，抒发自己在广告领域多年的观察与心得。

"我很想试试看，人生是不是还有别的路可走。"他笃定地说。

事实上，欧文在写作上很有天分，而且多年的职场经历让他积累了大量的素材。现在欧文已经是某知名杂志的专栏作家，其间还完成了两本管理学著作，欧文迎来了他的第二个人生辉煌。

事实上，"隐退"只是转移阵地，或者是为了下一场战役储备新的能量。但是，很多人认不清这一点，反而一直缅怀着过去的光荣，他们始终难以忘情"我曾经如何如何"，不甘于从此做

把生活和未来过成你想要的样子

个默默无闻的小人物。走下山来，你同样可以创造辉煌，同样是
个大英雄！

有时只有你选择放弃，上帝才会来救你

有一个聪明的年轻人，想成为一名大学问家。可是，许多年
过去了，他的学业没有长进。他很苦恼，就去向一个大师求教。

大师说："我们登山吧，到山顶你就知道该如何做了。"

那山上有许多晶莹的小石头，煞是迷人。每次见到他喜欢的
石头，大师就让他装进袋子里背着，很快，他就吃不消了。"大师，
再背，别说到山顶了，恐怕连动也不能动了。"他疑惑地望着大师。
"是呀，那该怎么办呢？"大师微微一笑，"该放下了，不放下，
背着石头怎能登山呢？"

年轻人一愣，忽觉心中一亮，向大师道过谢走了。之后，他
一心做学问，最终成了一名大学问家。其实，人要有所得必要有
所失，只有学会放弃，才有可能登上人生的高峰。

我们很多时候羡慕在天空中自由自在飞翔的鸟儿。人，其实
也该像这鸟儿一样，欢呼于枝头，跳跃于林间，与清风嬉戏，与
明月相伴，无拘无束，无羁无绊。这，才是鸟儿应有的生活，才

是人类应有的生活。

然而，这世上终还有一些鸟儿，因为忍受不了饥饿、干渴、孤独乃至于"爱情"的诱惑，从而成为笼中鸟，永永远远地失去了自由。

与人类相比，鸟儿面对的诱惑要简单得多。而人类，却要面对来自红尘之中的种种诱惑。于是，人们往往在这些诱惑中迷失了自己，从而跌入了欲望的深渊，把自己装入了一个个打造精致的"功名利禄"的金丝笼里。

这是鸟儿的悲哀，也是人类的悲哀。然而更为悲哀的是，鸟儿被囚禁于笼中，仍欢呼雀跃，放声高歌，甚至呢喃学语，博人欢心；而人类置身于功名利禄的包围中，仍自鸣得意，唯我独尊。这应该说是一种更深层次的悲哀。

人生在世，有许多东西是需要放弃的。在仕途中，放弃对权力的追逐，随遇而安，得到的是宁静与淡泊；在淘金的过程中，放弃对金钱无止境的掠夺，得到的是安心和快乐；在春风得意、身边美女如云时，放弃对美色的占有，得到的是家庭的温馨和美满。

我们每个人心中都应谨记，你不可能什么都得到，所以你应该学会放弃。放弃，并不意味着失去，因为只有放弃才会有另一种获得。

世界上总有一些你蹚不过去的河，强过不如绕过

一个初学打猎的年轻人跟着自己的师父一同到山里去打猎。

没走多远就发现了两只兔子从树林里窜了出来，年轻猎人很快就取出自己的猎枪。两只兔子向不同的方向跑去，年轻猎人一下子不知道该向哪只兔子瞄准了，想打这只兔子，又怕那只兔子跑了，猎枪一会儿瞄准这只，一会儿又瞄准那只，就这样瞄来瞄去，结果兔子不见了踪影。年轻猎人感到十分气恼。

他的师父安慰他说："两只兔子向不同的方向跑，你的枪再快，也不可能同时射中两只呀。关键是你一定要选择好目标，这样你就不会空手而归了。"

人生有许多东西值得我们去奋斗、去追求，但并不是所有的东西我们都可以同时得到。

当鱼和熊掌不可兼得的时候，你必须当机立断，抓住时机，马上出击。常言道："一鸟在手，胜过双鸟在林。"当机遇出现在你面前时，千万不要犹豫，因为机遇稍纵即逝。倘若瞻前顾后，患得患失，只会使你与成功擦肩而过。

人生是一部选择的历史。

从我们来到这个世界，就在不停地进行着各种各样的选择。在选择中我们作出取舍，在放弃中我们走向成熟。在你呱呱坠地时，你就选择了声音，放弃了沉默。当你第一次背上书包，跨进

放弃，虽然意味着某种失去，意味着难言的割舍，但是，放弃也正是为了前方路上更美的相遇，为了明天更加宝贵的撷取。

　　把生活和未来过成你想要的样子

学校的大门，你就选择了知识，抛弃了愚昧的束缚。当你继续升学，你就选择了继续深造，就放弃立即就业的想法。当你与一见钟情的他（她）相遇后，更是反复经受着选择的折磨。大学毕业后，是继续深造，还是参加工作？你需要选择。是留在父母身边，还是去异地发展？你需要选择。是留在国内深造，还是出国求学？你无时无刻不在选择中！

生命是有限的，你无法实现所有的梦想，无法满足所有的欲望。所以我们必须作出各种选择，将我们有限的生命充分地利用起来，将有限的精力集中投入自己最美好的人生奋斗目标中。这样，即使你会失去很多——那也是不可避免的——但你已为自己的人生目标奋斗过，才不算枉过此生。

生活中，如果你想过得比别人好，你就必须学会选择。必须具备这样的品质，那就是你对人生目标选择的明确性，知道自己需要什么，并且迫切渴望达到这一目的。对目标游移不定，只会让你前功尽弃、一无所获。

记住老猎人的话吧，永远别在徘徊中错失良机。

离开往往是拥有的最后一步

谁说喜欢一样东西就一定要得到它？有时候，有些人，为了得到喜欢的东西，殚精竭虑，费尽心机，更有甚者，可能会不择手段，以致走向极端。

也许他得到了他喜欢的东西，但是在他追逐的过程中，失去的东西也无法计算，他付出的代价是其得到的东西所无法弥补的。

也许那代价是沉重的，是我们无法承受的，直到最后，他才发现，其实喜欢一样东西，不一定要得到它。

真正的爱情不是占有，而是无私地付出，是时刻为对方着想。

这是一个现代都市里的浪漫爱情故事。他得了绝症，她辞掉了自己的工作，专心在医院里照顾他。他们纯洁的恋情打动了所有的人。

整整两年，他的病友换了一个又一个，有的康复出院，有的进了太平间。

而小伙子的病情不见好转也不见恶化。终于有一天，医生告诉他们一个沉痛的消息：小伙子的生命挺不过这一周了。女孩儿痛哭失声，小伙子却长舒了一口气。报社的记者们知道了这个感人的故事也匆忙赶来了。

记者们提出给两个人拍一张照，女孩儿拢了拢自己的头发，准备配合记者拍照，小伙子却拦住了："还是不要拍了吧？"

把生活和未来过成你想要的样子

"为什么？"

"将来她还要嫁人呢！我不想影响她以后正常的生活。"

她扑进他怀里痛哭失声。

第二天报纸上登出的是女孩的侧面照，一张美丽得让人心碎的侧影。

喜欢一样东西，就要学会欣赏它，珍惜它，使它更弥足珍贵。

喜欢一个人，就要让他快乐，让他幸福，使那份感情更诚挚。

一位父亲聊他儿子目前的状况，他的儿子才18岁，却理直气壮地告诉父亲他爱上了一个女孩，甚至可以为那个女孩放弃上大学的机会。父亲说，他的心当时真的被揪紧了。父亲告诉他儿子："男子汉要有责任心，你爱她，但你有能力对她的将来负责吗？知道吗？有时正因为爱，所以才要放弃。不适时的爱有时会成为一种伤害。"

男孩的执着和忠贞以及血气方刚令人感动，但爱情有许多现实因素的干扰，站在青春的门口你要学会理智。

学会放弃吧。学会放弃，在落泪以前转身离去，留下简单的背影；学会放弃，将昨天埋在心底，留下最美的回忆；学会放弃，让彼此都能有个更轻松的开始，遍体鳞伤的爱并不一定就刻骨铭心。

这一程，情深缘浅，走到今天，已经不容易，轻轻地抽出手，说声再见，真的很感谢，这一路上有你。说过爱你的，今天，仍是爱你，只是，爱你，却不能与你在一起。一如爱那原野的火百合，爱它，却不能携它归去。

渴望得太多，反而会有许多的烦恼。其实，生活并不需要这些无谓的执着，没有什么真的不能割舍。你要想生活得轻松，就要学会放弃。

为了以后的幸福，为了以后的事业，学会放手，前方的风景更迷人。

与其蹉跎岁月，不如早一点放手

不要以为自己了不起，不要认为自己现在有令人垂涎的待遇和足以自豪、炫耀的地位就可以目空一切，你的虚架子搭得越高，就可能摔得越重。

都柏公司是美国一家著名的制造企业，技术先进，实力雄厚，是业内的佼佼者。许多人毕业后到该公司求职遭拒绝，原因很简单，该公司的高技术人员爆满，不再需要各种高技术人才。但是令人垂涎的待遇和足以自豪、炫耀的地位仍然向那些有志的求职者闪烁着诱人的光环。

罗伯特和许多人的命运一样，在该公司每年一次的用人测试会上被拒绝申请，其实这时的用人测试会已经是徒有虚名了。罗

把生活和未来过成你想要的样子

伯特并没有死心，他发誓一定要进入都柏公司。于是，他采取了一个特殊的策略——假装自己一无所长。

他先找到公司人事部，提出为该公司无偿提供劳动力，请求公司分派给他工作，他将不计任何报酬来完成。公司起初觉得这简直不可思议，但考虑到不用任何花费，也用不着操心，于是便分派他去打扫车间里的废铁屑。一年来，罗伯特勤勤恳恳地重复着这种简单却劳累的工作。为了糊口，下班后他还要去酒吧打工。这样虽然得到老板及工人们的好感，但是仍然没有一个人提到录用他的问题。

1990年年初，公司的许多订单纷纷被退回，理由均是产品质量有问题，为此公司将蒙受巨大的损失。公司董事会为了挽救颓势，紧急召开会议商议解决，当会议进行了一大半却尚未见眉目时，罗伯特闯入会议室，提出要直接见总经理。

在会上，罗伯特把他对这一问题出现的原因作了令人信服的解释，并且就工程技术上的问题提出了自己的看法，随后拿出了自己对产品的改造设计图。这个设计非常先进，恰到好处地保留了原来机械的优点，同时克服了目前的弊病。

总经理及董事会的董事见到这个编外清洁工如此精明在行，便询问他的背景以及现状。罗伯特面对公司的最高决策者们，将自己的意图和盘托出，经董事会举手表决，罗伯特当即被聘为公司负责生产技术问题的副总经理。

原来，罗伯特在做清洁工时，利用清洁工到处走动的特点，在爱情旅程中，不会总是艳阳高照、鲜花盛开。有时，你需要学会放手，只有放开了双手，给自己和对方以自由，才能让双方更加的轻松、快乐。

细心察看了整个公司各部门的生产情况，并一一作了详细记录，发现了所存在的技术性问题并想出了解决的办法。为此，他花了近一年的时间搞设计，做了大量的统计数据，为最后一展雄姿奠定了基础。

　　在刚进入社会的时候，不妨放下架子，虚心从基层干起。有所失必有所得，只有放得下，才能拿得起，舍不得放下自己的虚架子、放下自以为是的成绩，怎么能得到别人的赏识呢？

第三辑

看似生活对你的亏欠，
其实都是祝愿

经得住折磨，你才能见到美

　　有位老人经不住海里的风吹浪颠，就守候着海滩，窝在泥铺子里焐鹰。等鹰熬足了月，他就能获取钱财了。他住在海边一座新搭的泥铺子里。泥铺的苇席顶上，立着一黑一灰两只雏鹰。疲惫无奈的日子孕育着老人的希望。黑鹰和灰鹰在屋顶待腻了，就钻进泥铺里来。老人左手托黑鹰，右手托灰鹰，说不清到底最喜欢哪一个。

　　熬鹰的时候，老人很狠毒，对两只鹰没有一点感情。他想将它们熬成鱼鹰。他用两根布条分别把两只鹰的脖子扎起来，饿得鹰嗷嗷叫了，他就端出一只盛满鲜鱼的盘子。鹰们扑过去，吞了鱼，喉咙处便鼓出一个疙瘩。鹰叼了鱼吞不进肚里又舍不得吐出来，憋得咕咕惨叫。老人脸上毫无表情。他先用一只手攥了鹰的脖子将它拎起来，另一只大手捏紧鹰的双腿，头朝下，一抖，再把攥了鹰的脖子的那只手腾出来，狠拍鹰的后背。鹰不舍地吐出鱼来。

　　海边天气说变就变。海狂到了谁也想不到的地步，老人住的泥铺被风吹塌了，等老人明白过来时已被重重地压在废墟里。黑

把生活和未来过成你想要的样子

鹰和灰鹰抖落一身的厚土，钻出来，嘎嘎叫着。黑鹰如得到了大赦似的冲进夜空里去了。灰鹰没去追黑鹰，嗖嗖地围着废墟转圈，悲哀地叫着。

老人被压在废墟里，喉咙里塞满了泥团子，喊不出话来，只能拿身子一拱一拱。聪明的灰鹰瞧见老人的动静了，便俯冲下来，立在破席片上，忽闪着双翅，刮动着浮土。不久后，老人便看到铜钱大的光亮。他凭灰鹰翅膀刮拉出来的小洞呼吸活了下来。后来又是灰鹰引来村人救出了老人。老人看着灰鹰，泪流满面。

大半天后，黑鹰皮沓沓地飞回来了。老人重搭泥铺，继续熬鹰。看见灰鹰饿得咕咕叫的样子，老人开始心疼了。他开始对灰鹰手下留情，关键时解开灰鹰脖子上的红布带子，小鱼就滑进灰鹰肚里去了。对于黑鹰，老人没气没恼，依然用原来的熬法，而到了关口却比先前还狠。一次，他给黑鹰脖子上的绳子扎松了，小鱼缓缓在黑鹰脖子里下滑，他发现了，便狠狠地拽起黑鹰，一只手顺着黑鹰脖子往下撸，一直撸出鱼才停手，黑鹰惨叫着。灰鹰瞅着，吓得不住地颤抖。

半年后鹰熬成了。老人很神气地划着一条旧船出征了。到了海汊子里，灰鹰孤傲地跳到最高的船木上，黑鹰有些恼，也跟着跳上去，却被灰鹰挤下去。不仅如此，灰鹰还用嘴啄黑鹰的脑袋。黑鹰反抗却被老人打了一顿。

可是，到了真正逮鱼的时候，灰鹰就蔫了。黑鹰真行，不断逮上鱼来。黑鹰眼睛毒，按照主人的嗖哨儿扎进水里，又叼上鱼来，喜得老人扭歪了脸。可灰鹰半晌也逮不上鱼，只是围着老人抓挠。老人很烦地骂了一句，挥手将它扫到一边去。灰鹰气得咕咕叫，很羞愧。老人开始并不轻视灰鹰，但慢慢地就对灰鹰态度冷淡了。灰鹰逮不到鱼，生存靠黑鹰，于是黑鹰在主人面前占据了灰鹰的地位。

后来，灰鹰受不住了，在老人脸色难看时飞离了泥铺子。老人不明白灰鹰为何出走。从黄昏到黑夜，他都带着黑鹰找灰鹰，招魂的口哨声在野洼里起起伏伏，可是仍没找到灰鹰。老人胸腔里像塞了块东西般堵得慌，他知道灰鹰不会打野食儿。

不久，老人在村里一片苇帐子里找到了灰鹰。灰鹰死了，是饿死的，身上的羽毛几乎秃光了，肚里被黑黑的蚂蚁盗空了。老人的手颤抖地抚摸着灰鹰的骨架，默默地落下了老泪。他一直认为自己对黑鹰的要求近乎苛刻，却没想到自己的不忍却害了灰鹰。

把生活和未来过成你想要的样子

低谷时更该努力，不要随便输掉未来

我们谁都不愿意失败，因为失败意味着以前的努力将付诸东流，意味着一次机会的丧失。不过，一生平顺，没遇到失败的人，恐怕是少之又少。所有人都存在谈败色变的心理，然而，若从不同的角度来看，失败其实是一种必要的过程，而且也是一种必要的投资。数学家习惯称失败为"或然率"，科学家则称之为"实验"，如果没有前面一次又一次的"失败"，哪里有后面所谓的"成功"？

世界著名的快递公司 DIL 创办人之一的李奇，对有过失败经历的员工则是情有独钟。每次李奇在面试时，必定会先问对方过去是否有失败的例子，如果对方回答"不曾失败过"，李奇认为对方不是在说谎，就是不愿意冒险尝试挑战。李奇说："失败是人之常情，而且我深信它是成功的一部分，有很多的成功都是由于失败的累积而产生的。"

李奇深信，人不犯点错，就永远不会成长，从错误中学到的东西，远比在成功中学到的多得多。

另一家被誉为全美最有革新精神的 3M 公司，也非常赞成并鼓励员工冒险，只要有任何新的创意都可以尝试，即使在尝试后失败了，每次失败的发生率是预料中的 60%，3M 公司仍视此为员工不断尝试与学习的最佳机会。

3M 坚持的理由很简单，失败可以帮助人思考、判断与重新修正计划，而且经验显示，通常重新修正过的计划会比原来的更好。

美国人做过一个有趣的调查，发现在所有企业家中平均有 3 次破产的记录。即使是世界顶尖的一流选手，失败的次数都毫不比成功的次数"逊色"。例如，著名的全垒打王贝比路斯，同时也是被三振出局最多的纪录保持人。

其实，失败并不可耻，不失败才是反常，重要的是面对失败的态度，是能反败为胜，还是就此一蹶不振？杰出的企业领导者，绝不会因为失败而怀忧丧志，而是回过头来分析、检讨、改正，并从中发掘重生的契机。

沮特·菲力说："失败，是走上更高地位的开始。"许多人之所以获得最后的胜利，只是受惠于他们的屡败屡战。没有经历过大失败的人，不知道什么是大胜利。其实，若能把失败当成人生必修的功课，你会发现，大多数的失败都会让你有意想不到的收获！

把生活和未来过成你想要的样子

让你难过的事，有一天你会笑着说出来

从前古希腊国王有一个儿子，这孩子却爱上了一个牧羊女。他对他的父亲说："父王，我爱上了一个牧羊人的女儿，我要娶她为妻。"

国王说："我贵为国王，而你是我的儿子，我去世以后你便是一国之君了，你怎么可以娶一个牧羊女呢？"王子回答说："父王，我不知道可以不可以，我只知道我爱这个女子，我要她做我的皇后。"

国王感到他儿子的爱情是神的安排，于是他说道："我将传谕给她。"他召来了使者告诉他说："你去对牧羊女说，我的儿子爱上了她并且要娶她为妻。"那使者到女子那里对她说道："国王的儿子爱上了你并且要娶你为妻呢。"牧羊女却问道："他做什么工啊？"使者回答说："哎呀！他是国王之子，他不做工。"那女子说："他一定要学一个行当。"那使者回到国王那里，把牧羊女的话一字一句地报告给他。

国王对王子说："那牧羊女要你学一点手艺呢！你是否仍要娶她为妻？"王子坚决地说："是的，我要学习编织草席。"于是，王子就学习编织草席——各式各样、各种颜色和装饰图案的席子。过了3年他已经能够编织很好的草席了。使者又回到牧羊女那里去对她说这些草席都是王子自己编织的。

牧羊女跟着使者来到王宫，嫁给了王子为妻。

有一天，王子走过一家食物店。这店看上去非常清静雅致，于是他便走进去，选了一张桌子坐下，这原来是一个窃贼和杀人凶手开的黑店。他们抓了王子，把他丢在地牢里。城里很多达官贵人都被囚在那里。这些杀人越货的强盗，把地牢里的胖子宰了用来喂瘦子，以此寻开心。王子最为瘦弱，强盗们也不知道他是希腊国王的太子，所以没有杀他。王子对强盗们说："我是编草席的，我所织的席子非常宝贵！"他们便拿了些草让他编织。他3 天编了 3 张席子，他对那些强盗说："把这几张席子拿到希腊王的宫廷里去，每张席子你们会得到 100 块金子。"他们便把那3 张席子送进王宫，国王一看就知道那是他儿子的作品。他把草席带到牧羊女那里，说道："有人把这几张席子送进宫来，这是我失踪了的儿子的手艺。"牧羊女把这些席子逐一拿起仔细端详。她在这些席子的图案里看到她丈夫用希腊文编下的求救信息，她把这个信息告诉了国王。

于是国王派了很多士兵到贼窝去，救出了所有的人，并杀掉了所有的强盗。王子因此得以平安地回到王宫里，并回到他妻子——那个牧羊女的身旁。

王子回到宫中和妻子重逢时，他俯伏在她跟前，抱着她的双足。他说："我的妻子啊！完全是因为你，我才能够活着！"国王因此也非常喜欢这个牧羊女了。

没有成长不带痛苦，也没有成功不花代价

据生物学家说，在鸟类中，寿命最长的是老鹰，它的寿命可达 70 年。但是如果想活那么长的寿命，就必须在它 40 岁的时候做出困难而重要的抉择。

当老鹰活到 40 岁时，它的爪子开始老化，不能牢牢地抓住猎物，并且它的喙会变得又长又弯，几乎能够碰到胸膛；同时，它的翅膀也会变得十分沉重，使它在飞翔的时候感到吃力。在这个阶段，它只有两种选择：要么就是等死，要么经历在它一生之中十分痛苦的过程来蜕变和更新，这样才能够继续活下去。

这是一个漫长的过程，它需要 150 天的漫长锤炼，而且必须很努力地飞到山顶，在悬崖的顶端筑巢，然后停留在那里不能飞翔。

首先，它要做的就是用它的喙不断击打岩石，直到旧喙完全脱落，然后经过一个较漫长的过程，静静地等候新的喙长出来，之后，还要经历更为痛苦的过

程——用新长出的喙把旧趾甲一根一根地拔出来，当新的趾甲长出来后，老鹰再把旧的羽毛一根一根地拔掉，等 150 天后长出新羽毛，这时候，老鹰才能重新飞翔，从此得以再过 30 年的岁月。

同鹰一样，璞玉只有经过粗粝环境的雕琢，才能闪烁高贵的光芒；河蚌只有历经沙砾的折磨，才能孕育出华美的珍珠。人的生命亦是如此。怯于磨砺，生命将永远平庸而无奇。

面向光明，阴影永远在你身后

莎士比亚在他的名著《哈姆雷特》中有这样一句经典台词："光明和黑暗只在一线间。"一个人虽身处黑暗之中，但心灵千万不要因黑暗而熄灭，而是要充满希望，因为黑暗，只是光明来临的前兆而已。

一个年轻的书生，自幼勤奋好学。无奈贫瘠的小村里没有一个好老师，于是决定外出求学。

这天，天色已晚，书生饥肠辘辘准备翻过山找户人家借住一宿。走着走着，树林里忽然窜出一个拦路抢劫的山匪。书生立即拼命往前逃跑，无奈体力不支再加上山匪穷追不舍，眼看着书生就要被追上了，正在走投无路时，书生一急钻进了一个山洞里。

把生活和未来过成你想要的样子

山匪见状，哪肯罢手，他也追进山洞里。洞里一片漆黑，在洞的深处，书生终究未能逃过山匪的追逐，他被山匪逮住了。一顿毒打自然不能免掉，身上的所有钱财及衣物，甚至包括一把准备为夜间照明用的火把，都被山匪一掳而去。山匪给他留下的只有一条薄命。

后来，书生和山匪两个人各自分头寻找着洞的出口，这山洞极深极黑，且洞中有洞，纵横交错。

山匪将抢来的火把点燃，他能轻而易举地看清脚下的石块，能看清周围的石壁，因而他不会碰壁，不会被石块绊倒，但是，他走来走去，就是走不出这个洞，最终，恶人有恶报，他迷失在山洞之中，力竭而死。

书生失去了火把，没有了照明工具，他在黑暗中摸索行走得十分艰辛，他不时碰壁，不时被石块绊倒，跌得鼻青脸肿，但是，正因为他置身于一片黑暗之中，所以他的眼睛能够敏锐地感受到洞里透进来的一点点微光，他迎着这缕微光摸索爬行，最终逃离了山洞。

如果没有黑暗，怎么可能发现光明呢?

无论今天多么难熬，明天都会如约而至

从前，在一个小山村里，传说有两兄弟在一次上山的途中，偶然与神仙邂逅，神仙传授他们酿酒之法，叫他们把在端午那天收割的米，与冰雪初融时高山流泉的水来调和，注入千年紫砂土铸成的陶瓮中，再用初夏第一个看见朝阳的新荷覆紧，密封七七四十九天，直到鸡叫三遍后方可启封。

他们历尽千辛万苦，跋涉过千山万水，终于找齐了所有的材料，一起调和密封，然后潜心等待那注定的时刻。多么漫长的等待，终于第四十九天到了。两人整夜都没有睡，等着鸡鸣的声音。

远远地，传来了第一遍鸡鸣。过了很久很久，才响起了第二遍。第三遍鸡鸣到底什么时候才会来呢？其中一个再也等不下去了，他迫不及待地打开陶瓮品尝，却惊呆了——里面的水，像醋一样酸，又像中药一般苦，他把所有的后悔加起来也不可挽回。他失望地把它洒在了地上。而另外一个，虽然欲望如同一把野火在他心里燃烧，让他按捺不住想要伸手，但他却还是咬着牙，坚持到了第三遍鸡鸣响彻了天空。

"多么甘甜清澈的酒啊！"他终于品尝到了自己亲自酿制的美酒。

把生活和未来过成你想要的样子

黑暗中，也要让世界听到你的歌声

1920 年 10 月，一个漆黑的夜晚，在英国斯特兰腊尔西岸的布里斯托尔湾的洋面上，发生了一起船只相撞事件。一艘名叫"洛瓦"号的小汽船跟一艘比它大 10 多倍的航班船相撞后沉没了，104 名搭乘者中有 11 名乘务员和 14 名旅客下落不明。

艾利森国际保险公司的督察官弗朗哥·马金纳从下沉的船身中被抛了出来，他在黑色的波浪中挣扎着。救生船这会儿为什么还不来？他觉得自己已经奄奄一息了。渐渐地，附近的呼救声、哭喊声低了下来，似乎所有的生命都被浪头吞没，死一般的沉寂在周围扩散开去。就在这令人毛骨悚然的寂静中，突然——完全出人意料的，传来了一阵优美的歌声。那是一个女人的声音，歌曲丝毫没有走调，而且也不带一点哆嗦。那歌唱者简直像在面对着客厅里众多的来宾进行表演一样。

马金纳静下心来倾听着，一会儿就听得入了神。教堂里的赞美诗从没有这么高雅，大声乐家的独唱也从没有这般优美，寒冷、疲劳刹那间不知飞向了何处，他的心完全复苏了。他循着歌声，朝那个方向游去。

靠近一看，那儿浮着一根很大的圆木头，可能是汽船下沉的时候漂出来的。几个女人正抱住它，唱歌的人就在其中，她是个很年轻的姑娘。大浪劈头盖脸地打下来，她却仍然镇定自若地唱着。在等待救生船到来的时候，为了让其他妇女不丧失力气，为了使她们不致因寒冷和失神而放开那根圆木头，她用自己的歌声给她们增加精神和力量。

就像马金纳借助姑娘的歌声游靠过去一样，一艘小艇也以那优美的歌声为导航，终于穿过黑暗驶了过来。于是，很多人得救了。

不要害怕受伤害，你不会因此变得更糟

美国人常开玩笑说，是一位布朗小姐的厚此薄彼，才"造就"了一位美国总统。

原来故事是这样的。

在读高中时，查理·罗斯是最受老师宠爱的学生。他的英文老师布朗小姐，年轻漂亮，富有吸引力，是校园里最受学生欢迎的老师。同学们都知道查理深得布朗小姐的青睐，他们在背后笑他说，查理将来若不成为一个人物，布朗小姐是不会原谅他的。

在毕业典礼上，当查理走上台去领取毕业证书时，受人爱戴的布朗小姐站起身来，当众吻了一下查理，向他表达了出人意料的祝贺。

当时，人们本以为会发生哄笑、骚动，结果却是一片静默和

把生活和未来过成你想要的样子

沮丧。许多毕业生，尤其是男孩子们，对布朗小姐这样不怕难为情地公开表示自己的偏爱感到愤恨。不错，查理作为学生代表在毕业典礼上致告别词，也担任过学生年刊的主编，还曾是"老师的宝贝"，但这就足以使他获得如此之高的荣耀吗？典礼过后，有几个男生包围了布朗小姐，为首的一个质问她为什么如此明显地冷落别的学生。布朗小姐微笑着说，查理是靠自己的努力赢得了她特别的赏识，如果其他人有出色的表现，她也会吻他们的。

这番话使别的男孩得到了些安慰，却使查理感到了更大的压力。他已经引起了别人的嫉妒，并成为少数学生攻击的目标。他决心毕业后一定要用自己的行动证明自己值得布朗小姐报之一吻。毕业之后的几年内，他异常勤奋，先进入了报界，后来终于大有作为，被杜鲁门总统亲自任命为白宫负责出版事务的首席秘书。

当然，查理被挑选担任这一职务也并非偶然。原来，在毕业典礼后带领男生包围布朗小姐，并告诉她自己感到受冷落的那个男孩子正是杜鲁门本人。布朗小姐也正是对他说过："去干一番事业，你也会得到我的吻的。"

查理就职后的第 1 项使命，就是接通布朗小姐的电话，向她转述美国总统的问话：您还记得我未曾获得的那个吻吗？我现在所做的能够得到您的评价吗？

生活中，当我们遭到冷遇时，不必沮丧，不必愤恨，唯有尽全力赢得成功，才是最好的答复。

人生中难免有时绝望，但真不至于崩盘

我们在处于绝望状态时，往往会设法逃避现实甚至希望得到他人的护佑。

可是，著名政治家丘吉尔却不然，他深知在消极的情绪支配下不可能马上找到解决的良方，因而要大胆地承认和接受眼前的现实，并借助这种豪迈的气概和客观的态度来鼓起自己的勇气。

有关英国前首相丘吉尔的传说很多。第二次世界大战爆发前曾流传这样一个故事。

当时战争已无法避免，一天，一位高级军官报告说："依我看，事态的发展令人感到绝望。"

这时，丘吉尔镇定地说："的确，绝望的心情无法用言辞来表达。"丘吉尔首先肯定和承认这一现实，然后继续说："可我感到我年轻了 20 岁！"

绝望和承认绝望是截然不同的两种精神状态。承认自己绝望才能客观地看待自己！因此，处于绝望状态时，承认自己处于绝望状态这一现实，不仅能松弛自己的情绪，甚至还能使自己设法摆脱绝望的处境。

有一本杂志，曾刊载如下的新闻：有一位曾在战场上受伤的士兵，当他从麻醉手术台上醒过来的时候，军医对他说："你

把生活和未来过成你想要的样子

处于绝望状态时，承认"绝望"这一现实，才能放松心情，使自己摆脱绝望的境地。

再休息一会儿，你就会痊愈了，唯一遗憾的是，你已经失去一只脚了。"

没有想到，这位伤兵却大声抗议说："不对，我这只脚不是失去的，而是被我遗弃的。"

任何人在读完这篇报道后，都对这位士兵那种毫不沮丧地接受悲剧事实的勇敢感到由衷的敬佩。他能把失去的，称为被遗弃的，显然表示他已经走出绝望的深渊。

不管"失去的"也好，"被遗弃的"也好，反正是自己已经没有了的东西，这是一个改变不了的事实。

失去了的东西，内心一定会万分地惋惜，甚至还会想不开；相反，如果你把它想象成被遗弃的东西，那就表示它是废物，在这种情况下，你就会以轻松的心情来处理事物，而且对它不再眷恋。

在我们的人生中，失去的东西显然不计其数。然而，只要我们把那些东西当作被遗弃的废物时，沮丧的感觉就会减轻许多。也只有这样，绝望之后才会感觉轻松。

把生活和未来过成你想要的样子

第四辑

不要害怕生命会结束，
要担心它从未开始

不靠谱的人生，都是没有勇气的人生

派蒂·威尔森在年幼时被诊断出患有癫痫。她的父亲吉姆·威尔森习惯每天晨跑。有一天，戴着牙套的派蒂兴致勃勃地对父亲说："爸，我想每天跟你一起慢跑，但我担心病会中途发作。"

她父亲回答说："如果你的病发作，我知道该怎样应付。我们明天就开始跑吧。"

于是，十几岁的派蒂就这样与跑步结下了不解之缘。和父亲一起晨跑是她一天之中最快乐的时光。跑步时，派蒂的病一次也没发作。

几个星期后的一天，她向父亲表达了自己的心愿："爸，我想打破女子长距离跑步的世界纪录。"父亲替她查吉尼斯世界纪录，发现女子长距离跑步的最高纪录是 128 千米。

当时，读高一的派蒂为自己订立了一个长远的目标："今年我要从橘县跑到旧金山 (640 多千米)；高二时，要到达俄勒冈州的波特兰 (2400 多千米)；高三时的目标在圣路易市 (3200 多千米)；高四则要向白宫进发 (4800 多千米)。"

虽然派蒂的身体状况与他人不同，但她依旧满怀热情与理想。对她来说，癫痫只是偶尔给她带来不便的小毛病，她并不因此消极退缩。相反，她更加珍惜自己已经拥有的一切。

高一时，派蒂穿着上面写有"我爱癫痫"的衬衫，一路跑到了旧金山。她父亲陪她跑完了全程，母亲则开着旅行拖车尾随其后，照料父女两人。

高二时，她身后的支持者换成了班上的同学。他们拿着巨幅的海报为她加油打气，海报上写着："派蒂，跑啊！"但在这段前往波特兰的路上，她扭伤了脚踝。医生劝告她马上中止跑步："你的脚踝必须打上石膏，否则会造成永久的伤害。"

她回答道："医生，跑步不是我一时的兴趣，而是我一辈子的至爱。我跑步不单是为了自己，同时也是要向所有人证明，残疾人同样可以跑马拉松。有什么方法能让我跑完这段路？"

医生表示可用黏合剂先将受损处接合，而不用上石膏。但他警告说，这样会起水泡，到时会十分疼痛。

派蒂毫不犹豫地点头答应了。

派蒂终于来到波特兰，俄勒冈州州长还陪她跑完最后 1.6 千米。一面写着红字的横幅早在终点等着她："超级长跑女将，派蒂·威尔森在 17 岁生日这天创造了辉煌的纪录。"

高中的最后一年，派蒂花了 4 个月的时间由美国西海岸长跑到东岸，最后抵达华盛顿，并接受总统召见。她告诉总统："我想让人们明白，癫痫患者与一般人无异，也能过正常的生活。"

美好的叫作精彩，糟糕的叫作经历

有位青年，厌倦了日复一日平淡无奇的生活，感到无聊和痛苦。

为寻求刺激，青年参加了挑战极限的活动。

主办者把他关在山洞里，无光无火亦无粮，每天只供应 5 千克的水，时间为 120 小时，整整 5 个昼夜。

第 1 天，青年还心怀好奇，颇觉刺激。

第 2 天，饥饿、孤独、恐惧一齐袭来，四周漆黑一片，听不到任何声响。于是，他有点向往起平日里的无忧无虑来。

他想起了乡下的老母亲千里迢迢、风尘仆仆地赶来，只为送一坛韭菜花酱以及给小孙子的一双虎头鞋。

他想起了终日相伴的妻子在寒夜里为自己掖好被子。

他想起了宝贝儿子为自己端的第 1 杯水。

他甚至想起了与他发生争执的同事给自己买过的一份工作餐……

渐渐地，他后悔起平日里对生活的态度来：懒懒散散，敷衍了事，冷漠虚伪，无所作为。

第 3 天，他饿得几乎挺不住了。可是一想到人世间的种种美好，便坚持了下来。第 4 天、第 5 天，他仍然在饥饿、孤独、极大的恐惧中反思过去，向往未来。

他痛恨自己竟然忘记了母亲的生日；他遗憾妻子分娩时未尽照料的义务；他后悔听信流言与好友分道扬镳……他这才觉出需要他努力弥补的事情竟是那么多。可是，连他自己也不知道，他能不能挺过最后一关。

就在他涕泪齐下、百感交集之时，洞门开了。阳光照射进来，白云就在眼前，淡淡的花香，悦耳的鸟鸣——他又迎来了美好的人间。

青年摇摇晃晃地走出山洞，脸上浮现出了一丝难得的笑容。5 天来，他一直用心在说一句话，那就是：活着，就是幸福！

让每一天都闪闪发亮

一位风烛残年的老人在日记簿上记下了对生命的领悟。

"如果我可以从头活一次，我要尝试更多的错误。我不会再事事追求完美。"

"我情愿多休息，随遇而安，处世糊涂一点，不对将要发生的事处心积虑。其实人世间有什么事情需要斤斤计较呢？

"可以的话，我会多去旅行，跋山涉水，最危险的地方也要去一次。以前我不敢吃冰激凌，不敢吃豆，是怕危害健康，此刻我是多么的后悔。过去的日子，我实在活得太小心，每一分、每一秒都不容有失。太过清醒明白，太过清醒合理。

"如果一切可以重新开始，我会什么也不准备就上街，甚至连纸巾也不带一张，我会用心享受每一分、每一秒。如果可以重来，我会赤足走在户外，甚至整夜不眠，用这个身体好好地感受世界的美丽与和谐。还有，我会去游乐园多玩几圈木马，多看几次日出，和公园里的小朋友玩耍。

"如果人生可以从头开始……但我知道，不可能了。"

这就是人生，真的不能再来一次。

今天，正值韶华的你，如果每天巧用一分钟，会是怎样呢？

多读一分钟：书太多了，人的时间太少了，多浪费一分钟，少阅读一本书。经常省下零零星星的一分钟，拿出一本喜欢又被遗忘很久的书来阅读。多读一分钟，你会感到很惬意。

多玩一分钟：人生倏忽一百年，少得可怜。每天多留一分钟，看一看山水，看一看大海和天空，看一看星星和月亮，把人生演绎得美妙些。

多陪孩子一分钟：孩子是人生里最重要的财产之一，多一分钟赚钱，便少一分钟与孩子相处的机会，要珍惜。与孩子相处，你可以返璞归真，拥有童稚之心，无忧、欢乐。

多陪爱人一分钟：爱人不是用来拌嘴的对象，是陪你走一生的人，在终老之前多陪她一分钟。一个一分钟很少，一百个一分钟也不多，但是千千万万个一分钟，可就不少了。每天预留一分钟给家人，人生便多了许多一分钟的美好。

每个人都曾深陷泥淖，走出来才叫人生

在人的一生中，每个人都不能保证一切顺利，然而人们在面对失败时大可不必灰心丧气，用心发现，其实路就在你脚下。

达尼是一个很有事业心的人，他在一家销售公司一干就是5年，从一个刚毕业的大学生一直做到了分公司的总经理。在这5年里，公司逐渐成为同行业中的佼佼者，达尼也为公司付出了许

多，他很希望通过自己的努力将企业带入一个更加成功的境地。然而就在他兢兢业业拼命工作的时候，达尼发现老板变了，变得不思进取、"牛"气十足，对自己渐渐地不信任，许多做法都让人难以理解。而达尼自己也找不到昔日干事业的感觉。

同样，老板也看达尼不顺眼，说达尼的举动使公司的工作进展不顺利，有点碍手碍脚。不久，老板把达尼解雇了。

从公司出来后，达尼并没有气馁，他对自己的工作能力还是充满了信心。不久，达尼发现一家大型企业正在招聘一名业务经理，于是将自己的简历寄给了这家企业，没过几天他就接到面试通知，然后和老总面谈，最终顺利得到这份工作。工作大约一个月时间，达尼觉得自己十分欣赏该公司总经理的气魄和工作能力。同时，他也感到总经理同样十分赏识他的才华与能力。在工作之余，总经理经常约他一起去游泳、打保龄球或者参加一些商务酒会。

在工作中，达尼发现公司的企业图标设计相当烦琐，虽然有美感，但却缺乏应有的视觉冲击力，便大胆地向总经理提出更换图标的建议。没想到总经理也早有此意，总经理把这件事安排给他去完成。

为了把这项工作做好，达尼亲自求助于图标设计方面的专业人士，从他们设计的作品中选出了比较满意的一件。当他把设计方案交给总经理的时候，总经理大加赞赏，立马升达尼为公司副总，薪水增加一倍。

是的，被解雇并不是一件坏事，达尼面对无情的解雇，凭借着才能找到了更适合自己的工作，而且得到了一位真正"伯乐"的赏识。

其实路就在脚下，被解雇了，我们不用去计较，走过去，前面也许有更光明的一片天空在等着我们。

美国著名作家海明威在《老人与海》中，阐述了这么一个关于人的尊严的道理——"人可以被消灭，但不能被打败！"因此，我们要不断地自我激励，不能因为一时的挫折就把自己的一生永远地困在困境的泥淖中。人的可贵之处在于，无论我们要跌倒多少次，都能从失败的废墟上站起来！站立的人方显得高大，人生也会因此而显得绚丽多彩。作为一个现代人，应具有迎接挑战的心理准备。世界充满了机遇，也充满了风险。要不断提高自我应付挫折的能力，调整自己，增强社会适应力，坚信挫折中蕴含着机遇。

也许在人生低谷的你正在为自己失业了而烦恼不堪。其实这于事无补，相信上帝在关上一扇门的同时会打开另一扇窗户，机遇的诞生可能就在这一切发生之时。

人生不可能圆满，希望你一直自我感觉良好

也许你想成为太阳，可你却只是一颗星辰；也许你想成为大树，可你却只是一株小草；也许你想成为大河，可你却只是一泓山溪……于是，你很自卑。很自卑的你总以为命运在捉弄自己。其实，你不必这样：欣赏别人的时候，一切都好；审视自己的时候，却总是很糟。和别人一样，你也是一道风景，也有阳光，也有空气，也有寒来暑往，甚至有别人未见过的一株春草，甚至有别人未听过的一阵虫鸣……做不了太阳，就做星辰，让自己发热发光；做不了大树，就做小草，以自己的绿色装点希望；做不了伟人，就做实在的小人物，平凡并不可卑，关键是必须扮演好自己的角色。

有个小男孩头戴球帽，手拿球棒与棒球，全副武装地走到自家后院。

"我是世上最伟大的击球手。"他自信地说完后，便将球往空中一扔，然后用力挥棒，却没打中。他毫不气馁，继续将

球拾起，又往空中一扔，然后大喊一声："我是最厉害的击球手。"他再次挥棒，可惜仍是落空。他愣了半晌，然后仔仔细细地将球棒与棒球检查了一番之后，他又试了一次，这次他仍告诉自己："我是最杰出的击球手。"然而他第三次的尝试还是挥棒落空。

"哇！"他突然跳了起来，"我真是一流的投手。"

男孩勇于尝试，能不断给自己打气、加油，充满信心，虽然仍是失败，但是，他并没有自暴自弃，没有任何抱怨，反而能从另一种角度"欣赏自己"。

生活中大多数人习惯自怜自艾、自我批判，他们最常说的是"我身材难看"，"我能力太差"，"我总是做错事"……他们总是学不会像那个小男孩一样，换个角度欣赏自己，这都是由于自卑心理在作祟。自卑心理所造成的最大问题是：你总是在斤斤计较你的平凡，你总是在想方设法证明你的失败，每一天你都在为自己的想法找证据，结果你越来越觉得自己平凡、渺小，处处不如人。一个值得思考的问题是：为什么你明明知道这样做会使人生更灰暗、负面的感觉更多，更不知道珍惜人生的天赋美好，却还是执迷不悟。我们都是芸芸众生中的一员，都是平凡的小人物，但我们也有比别人美好的地方，所以千万不要贬低自己。

如果一个人对自己都不欣赏，连自己都看不起，那么，怎么还会自强、自信、自爱、自省呢？你也许埋怨过自己不是名门出身，你也许苦恼过自己命运中的波折，你也许惋叹过自己行程中的坎坷。可是，你有没有正视过自己？对于一个生活的强者而言，出身只是一种符号，它和成功没有丝毫瓜葛，你又何必为此而斤斤计较？人生变动不居，又岂能无忧无虑、平静无波？生命的行程如果没有顽石的阻挡，又怎能激起美丽的浪花朵朵？

生命的美在过程

　　"只有一个真正严肃的哲学问题，那就是自杀。"这是加缪《西西弗斯神话》里的第一句话。朋友提起这句话时，正躺在医院急诊室的病床上，140粒安定药没有撂倒他，他又能够微笑着和大家说话了。

　　一位朋友肺癌晚期，一年前医生就下过病危通知书，是钱、药、家人的爱在一点一点地延长着他的生命。对于病人，病痛的折磨或许会让他感到生不如死，但对于亲人来说，不惜一切代价，只要他活着，只要他在那儿。

　　人无权决定自己的生，但可以选择死。为什么要活着？怎样活下去？是人终生都要面对的问题。

把生活和未来过成你想要的样子

有一个春天，李杰很忧郁，是那种看破今生的绝望，那种找不到目的和价值的空虚，那种无枝可栖的孤独与苍凉。一个下午，李杰抱了一大堆影碟躲在屋内，心想就这样看吧，看死算了。直到他看到它——伊朗影片《樱桃的滋味》，他的心弦被轻轻地拨动了。

　　那时李杰的电脑还没装音箱，只能靠中文字幕了解剧情。剧情大致是这样的。

　　巴迪先生驱车行驶在一条山间公路上，他神情从容镇静，稳稳地操纵着方向盘。他要寻找一个帮助埋掉他的人，并付给对方20万元。一个士兵拒绝了，一位牧师也拒绝了，天色不早了，巴迪先生依然从容镇静地驱车在公路上寻觅。这时他遇到了一个胡子花白的老者，老者给他讲了一个故事：我年轻的时候也想过要自杀，一天早上，我的妻子和孩子还没睡醒，我拿了一根绳子来到树林里，在一棵樱桃树下，我想把绳子挂在树枝上，扔了几次也没成功，于是我就爬上树去。那时是樱桃成熟的季节，树上挂满了红玛瑙般晶莹饱满的樱桃。我摘了一颗放进嘴里，真甜啊！于是我又摘了一颗。我站在树上吃樱桃。太阳出来了，万丈金光洒在树林里，洒满金光的树叶在微风中摇摆，满眼细碎的亮点。我从未发现树林这么美丽。这时有几个上学的小学生来到树下，让我摘樱桃给他们吃。我摇动树枝，看他们欢快地在树下捡樱桃，然后高高兴兴去上学。看着他们的背影远去，我收起绳子回家了。从那以后我再也不想自杀了。生命是一列向着一个叫死亡的终点疾驰的火车，沿途有许多美丽的风景值得我们留恋。

夜幕降临了，巴迪先生披上外套，熄灭了屋内的灯，走进黑暗中。夜色里只看到车灯的一线亮光。然后是无边的、长久的黑暗……

天亮了，远处的城市和近处的村庄开始苏醒，巴迪先生从洞里爬出来，伸了个懒腰，站在高处远眺。

看到这里李杰决定认认真真地洗个脸，把皮鞋擦亮，然后到商场给自己买束鲜花。

后来李杰问过一位欲放弃生命的朋友，问他体验死亡的感觉如何。他说一直在昏迷中，没觉着怎么痛苦。倒是出院的那天，看到阳光如此明媚，外面的世界如此新鲜，大街上姑娘们穿着红格子呢裙，真是可爱。长这么大第一次发现世界是这样的美好。

世界还是那个世界，只是感受世界的那颗心不同了而已。

患肺癌的朋友已经离开了，记得他生前爱吃那种烤得两面焦黄的厚厚的锅盔。每次看到卖饼的小贩推着小车走来，就会怅然，若他活着该多好！可惜那些吃饼的人，已经体味不到自己能够吃饼的幸福了。

为什么要活着？就为了樱桃的甜，饼的香。静下心来，认真去体验一颗樱桃的甜，一块饼的香，去享受春花灿烂的刹那，秋月似水的柔情吧。就这样活下去，把自己生命过程的每一个细节都设计得再精美一些，再纯净一些。不要为了追求目的而忽略过程，其实过程即目的。

不是生活不美，是你打开的方式不对

当体验到生活中的美好时，自然就能找回快乐的心情。

晓飞在她 30 岁以后终于意识到，其实她的生活并不快乐。她将责任全部归咎于她的丈夫、她的前任老板以及她的亲属。

但是有一天，一位认识她已 10 年的朋友对她说："晓飞，你将你的不快乐归咎于你周围所有的人，为什么你就不能从自己身上找找原因呢？坦率地说，我总觉得和你在一起有种压抑的感觉。"

这些话对晓飞触动很大，从那以后，她开始认真思考她的生活方式，她努力尝试使自己快乐起来。她学着观察并感受每天发生在她周围的一切，她努力将自己的思维投向那些积极和快乐的事情上，并学会将烦恼放在一边，她发现她的生活正发生着日新月异的变化。

在以后的日子里，每当晓飞与其他的人谈论她的生活经历时，她总是这样说："在过去的许多年，我从未发现自己只是关注那些令人沮丧和消沉的事情，那时的我简直让人没法忍受。所幸的是，我的一位很好的朋友提醒了我，是他让我学会将那些糟糕的东西扔进垃圾筒，让我体验到生活中原来有那么多美好的东西。"

热爱生命，才是人生的终极意义

有个老人一生十分坎坷，年轻时由于战乱几乎失去了所有的亲人，一条腿也在一次空袭中被炸断；中年时，妻子因病去世了；不久，和他相依为命的儿子在一次车祸中丧生。

可是，在别人的印象之中，老人一直爽朗而又随和。有一次某个人终于冒昧地问他："您经受了那么多苦难和不幸，可是为什么看不出一点伤感？"

老人默默地看了此人很久，然后，将一片树叶举到那个人的眼前。

"你瞧，它像什么？"

那是一片黄中透绿的叶子。那个人想，这是白杨树叶，可是，它到底像什么呢？

"你能说它不像一颗心吗？或者说就是一颗心？"

那个人仔细一看，还真的十分像心脏的形状，心不禁轻轻一颤。

"再看看它上面都有些什么？"

老人将树叶更近地向那个人凑去。那个人清楚地看到，那上面有许多大小不等的孔。

老人收回树叶，放到了掌中，用厚重的声音缓缓地说："它在春风中绽出，阳光中长大。从冰雪消融到寒冷的深秋，它走过了自己的一生。这期间，它经受了虫咬石击，以致千疮百孔，可是它并没有凋零。它之所以得以享尽天年，完全是因为它热爱阳光、泥土、雨露，它热爱自己的生命！相比之下，那些打击又算得了什么呢？"

困境像俄罗斯方块，聚合然后消解

辛·吉尼普的父亲得了肺结核，那段日子，正碰上全美经济危机，吉尼普和妻子都先后失业了，经济拮据。父亲的病使得本不富裕的家里更加雪上加霜。老吉尼普生病时，由于他曾经是俄亥俄州的拳击冠军，有着硬朗的身子，才挺了过来。

一天，吃罢晚饭，父亲把他们叫到病榻前。他一阵接一阵地咳嗽，脸色苍白。

父亲艰难地扫了每个人一眼，缓缓地说："我想告诉你们一件事情。那是在一次全州冠军对抗赛上，我的对手是个人高马大的黑人拳击手，而我个子矮小，一次次被对方击倒，牙齿也出血了。我在台上不止一次地想到过要放弃。但在休息时，教练鼓励我说，'辛，你不痛，你能挺到第12局！'我也跟着说，'不痛。我能应付过去！'之后，我感到自己的身子像一块石头、像一块钢板，对手的拳头击打在我身上发出空洞的声音。跌倒了又爬起来，爬起来又被击倒了，但我终于熬到了第 12 局。对手战栗了，我开始了反攻，我是用我的意志在击打，长拳、勾拳，又一记重拳，我的血同他的血混在一起。眼前有无数个影子在晃，我对准中间的那一个狠命地打去……他倒下了，而我终于挺过来了。哦，那是我唯一的一枚金牌。"

说话间，他又咳嗽起来，额上汗珠纷纷而下。

他紧握着吉尼普的手，苦涩地一笑："不要紧，才一点点痛，我能应付过去。"

第二天，父亲就去世了。

父亲死后，家里的境况更加艰难。吉尼普和妻子天天跑出去找工作，晚上回来，总是面对面地摇头，但他们不气馁，互相鼓励说："不要紧，我们会应付过去的。"

后来，当吉尼普和妻子都找到了工作，坐在餐桌旁静静地吃着晚餐的时候，他们总会想到父亲，想到父亲的那句话：我能应付过去。

把生活和未来过成你想要的样子

你可以没有梦想，但至少能把握今天

你没必要为过去而懊悔，也没必要为未来而不安，最明智的做法就是做好今天该做的事情。

1871年春天，蒙特瑞综合医院的一个医学生偶然拿起一本书，看到了书上的一句话。就是这话，改变了这个年轻人的一生。它使这个原来只知道担心自己的期末考试成绩、自己将来的生活何去何从的年轻的医学院的学生，最后成为他那一代最有名的医学家。

他创建了举世闻名的约翰·霍昔金斯学院，被聘为牛津大学医学院的钦定讲座教授，还被英国国王册封为爵士。他死后，用厚达1466页的两大卷书才记述完他的一生。

他就是威廉·奥斯勒爵士，而下面，就是他在1871年看到的由汤冯士·卡莱里所写的那句话："人的一生最重要的不是期望模糊的未来，而是重视手边清楚的现在。"

威廉·奥斯勒爵士曾在耶鲁大学做了一场演讲。他告诉那些大学生，在别人眼里，当过4年大学教授、写过一本畅销书的他，拥有的应该是"一个特殊的头脑"，可是，他的好朋友们都知道，他其实也是个普通人。他的一生得益于那句话："人的一生最重要的不是期望模糊的未来，而是重视手边清楚的现在。"

很久以前，曾经有两位哲人游说于穷乡僻壤之中，对前来听教的人说了一句流传千古的话："不要为明天的事烦恼。明天自有明天的事，只要全力以赴地过好今天就行了。"

许多人都觉得耶稣说过的这句话难以实行，他们认为为了明天的生活有保障，为了家人，为了将来出人头地，必须做好准备。

我们当然应该为明天制订计划，却完全没有必要担心。在美国，医院里半数以上的病床都被精神病人占据着，而这些人大多是因为不堪忍受生活的重负而精神崩溃的。可是，如果他们谨记箴言"不要为明天的事忧虑"，谨记威廉·奥斯勒的话"人只能生存在今天的房间里"，只活在今天，就能成为快乐的人，满意地度过一生。

第五辑

你是真的拼尽一切，
还是不够努力

你有多自律，就有多自由

凯恩斯11岁的时候，举家前往新罕布什尔湖岛上的别墅度假。那里四面湖水环绕，景色非常美，是绝佳的钓鱼胜地。

在那里，只有在鲈鱼节的时候才允许钓鲈鱼。但他和父亲决定提前过过钓鱼瘾。于是，他们扛着钓竿，在鲈鱼节到来前的午夜来到了湖边。他们坐下后，只见明月当空，波光粼粼，一片银色世界。突然间有什么东西沉甸甸地拽着渔竿的那头。父亲吩咐他沉住气并赞赏地看着他慢慢地把钓线拉回来，那条用尽了力气的鱼被凯恩斯小心地拖出水面——那是他们见过的最大的一条鲈鱼！

父亲擦着了火柴，他看着表说："10点，再过2小时鲈鱼节才开始。"他看了看鱼，又看看凯恩斯，"放回去，孩子！"

"爸爸……"刚开始凯恩斯不理解，接着大声地哭起来。

"这里还有别的鱼嘛……"

"但是没有它那么大。"他继续哭，和父亲争执起来。

月光晶莹，万籁俱寂，四周再也没有人和船了，似乎还有一丝希望。

凯恩斯不哭了，恳求地看着父亲。

凯恩斯怯生生地求父亲："爸爸，这里没有别人，没有人会看到的。"

"可是我们心里有眼睛。"父亲坚定地说。

之后是父亲的沉默，他已经很明白地表示，这个决定是不能改变的。没办法，凯恩斯只好从鲈鱼的嘴上摘下钓钩，慢慢把它放回寂静的湖水里，"嗯"的一声，鱼就消失在水中了。凯恩斯感到很失望，因为他很可能再也无法钓到这么大的一条鲈鱼了。

那是 23 年前的事了，现在凯恩斯已经成为纽约市一名小有成就的建筑师。

的确，这些年来，他再也没有钓到过 23 年前那么大的鲈鱼。他日后提起那段往事，说："那次父亲让我放走的只不过是一条鱼，但是我从此学会了自律。那晚，在父亲的告诫下，我走上了光明磊落的道路。有了这个开始，在人生的道路上，我处处严于律己。我在建筑设计上从不投机取巧，在同行中颇有口碑；就连亲朋好友把股市内部消息透露给我，胜算有十成的时候，我也会婉言谢绝。诚实是我生活的信条，也是教育孩子的准则。"

"我们心里有眼睛"，这句智慧的话语一直温暖地留在凯恩斯的心里。

越迷惘越要唤醒自己，别忘了你有多了不起

　　每个人都希望，也都需要得到别人的鼓励。日本有句格言："如果给猪戴高帽，猪也会爬树。"这句话听起来似乎不雅，但说明了这样的一个道理：当一个人的才能得到他人的认可、赞扬和鼓励的时候，他就会产生发挥更大才能的欲望和力量。

　　但是，光靠别人的赞扬还不够——因为生活不光是赞扬，你碰到更多的可能是责难、讥讽、嘲笑。所以，你一定要学会从自我激励中激发自信心，学会自己给自己加油。

　　刘讯参加工作后，他爱上了"小发明"，一下班，常常一头钻进自己的房间，看呀，写呀，试验呀，常常连饭也忘了吃。为此，全家人都对他有看法。妈妈整天絮絮叨叨地骂他"是个油瓶倒了都不扶的懒鬼""将来连个媳妇都找不上"；他大哥一看到他写写画画，摆弄这摆弄那就来气，甚至拍着胸脯发誓："这辈子，你要能搞出一个发明来，我头朝下走路……"

　　值得赞叹的是，刘讯在这种难堪的境遇中，始终不泄气、不自卑，而且经常自我鼓励。厂报上每登出有关他的"革新成果"，哪怕只有一个"豆腐块""火柴盒"那么大，他都要高兴地细细品味，然后把这些介绍精心地剪贴起来，一有空闲就翻出来自我欣赏一番。每当这时，他就特有成就感，他也就对自己更有信心。

在自己给自己的掌声中，刘讯通过实验搞成功的"小发明"慢慢多起来，"级别"也慢慢高起来了。几年后，他的"小发明"竟然在世界上获得了大奖。

给自己加油的做法，促成了刘讯的成功。

美国的一位心理学家说过："不会赞美自己，人就激发不起向上的愿望。"是的，别小看这种"自我赞美"，它往往能给你带来欢乐和信心；信心增强了，又会鼓励你获得更大的成功，自信心也就会再度增强。试想，当初刘讯要是不会"给自己鼓掌"，一听到"你要是……我就……"之类的讥笑，就垂头丧气，就看不到灿烂的前景，哪里还会有今天的成功呢？

唐代诗人李白在《将进酒》中写道："天生我材必有用，千金散尽还复来。"字字展示着无比的自信。坚信自己的价值，学会为自己加油，学会为自己喝彩，才会拥有一个精彩而有意义的人生。

只会说诗和远方，就是苟且

每个人都有一大堆的愿望，但他们却很难踏上实现的征程，影响他们作出选择的因素有时候很简单，那就是勇气。他们因为恐惧而害怕选择自己认为不可能的愿望，因此也错过了成功的机会。

1865 年，美国南北战争结束了。一名记者去采访林肯，他们有这么一段对话：

记者：据我所知，上两届总统都想过废除农奴制，《解放黑人奴隶宣言》也早在他们那个时期就已草就，可是他们都没拿起笔签署它。请问总统先生，他们是不是想把这一伟业留下来，让您去成就英名？

林肯：可能有这个意思吧。不过，如果他们知道拿起笔需要的仅是一点勇气，我想他们一定非常懊丧。

记者还没来得及问下去，林肯的马车就出发了，因此，他一直都没弄明白林肯的这句话到底是什么意思。

直到 1914 年，林肯去世 50 年了，记者才在林肯致朋友的一封信中找到答案。在信里，林肯谈到幼年的一段经历：

"我父亲在西雅图有一处农场，农场里有许多石头。正因如此，父亲才得以用较低的价格买下它。有一天，母亲建议把里面的石头搬走。父亲说，如果可以搬走的话，主人就不会卖给我们了，它们是一座座小山头，都与大山连着。

"有一年，父亲去城里买马，母亲带我们到农场劳动。母亲说，让我们把这些碍事的东西搬走，好吗？于是我们开始挖那一块块石头。不长时间，就把它们弄走了，因为它们并不是父亲想象的山头，而是一块块孤零零的石块，只要往下挖一英尺，就可以把它们晃动。"

林肯在信的末尾说，有些事情人们之所以不去做，只是他们认为不可能。而许多不可能，只存在于人们的想象之中。

那些成功的人们，如果当初都在一个个"不可能"的面前因恐惧失败而退却，而放弃尝试的机会，则不可能有所谓成功的降临，他们也将平凡。没有勇敢的尝试，就无从得知事物的深刻内涵，而勇敢作出决断了，即使失败，也会获得宝贵的体验，从而在命运的挣扎中，越发坚强，越发有力，越接近成功。

你想做的事，从来都不晚

在前进的道路上，如果我们因为一时的困难就将梦想搁浅，那只能收获失败，我们将永远不能品尝到成功这杯芬芳美酒的味道。

"肯德基"创始人，美军退役上校桑德斯的创业史是对永不放弃的最佳诠释。桑德斯从军队退役时，妻子带着幼小的女儿离他而去。家里只有他一个人，这使得他时常觉得时间的漫长与人生的寂寞。他总想做点事情。但戎马生涯大半生，除了操枪弄炮，实在没有什么别的特长。

　　年过花甲的他想到了自己曾经试验出的炸鸡秘方，马上行动，于是他便找了几家餐馆要求合作，但都遭到了拒绝。于是，他开着自己那辆破旧的"老爷车"，从美国的东海岸到西海岸，历时两年多的时间，推开过1008家餐馆的大门，都没有成功。年老的桑德斯为此感到非常沮丧，也想到过放弃，但很快他就会说服自己再试一次，于是幸运之神开始注意到这个坚忍的人。当他试着推开第1009家餐馆的大门时，这家老板被他的精神打动，买下了炸鸡的秘方。桑德斯以秘方作为投资，得到了这家餐馆的股份。由于经营得法，从此，"肯德基"炸鸡遍布美国，遍布世界。

　　成功的路上总是荆棘与鲜花交相辉映，我们在为理想奋斗的时候难免会遇到一些阻碍、挫折，但我们不能因此就放弃奋斗。在困境中，我们或许可以学一下丘吉尔的人生秘诀。

　　丘吉尔下台之后，有一回应邀在牛津大学的毕业典礼上演讲。那天他坐在主席台上，打扮一如平常，还是一顶高帽，手持雪茄。

　　经过主持人隆重冗长的介绍之后，丘吉尔走上讲台，注视观众，沉默片刻。然后他用那种特别的丘吉尔式的眼神凝视着观众，足足有30秒之久。终于他开口说话了，他说的第一句话是："永

　　把生活和未来过成你想要的样子

不放弃。"然后又凝视观众足足 30 秒。他说的第二句话是："永远，永远，不要放弃！"接着又是长长的沉默。然后他说的第三句话是："永远，永远，永远，不要放弃！"他又注视观众片刻，然后迅速离开讲台。当台下数千名观众明白过来的时候，立即响起了雷鸣般的掌声。

坚持，就是在犹豫的时刻决定继续往前走

旱季来了，河床就要干涸了，曾经湍急的河流已经变成了一个个小水洼，烈日下，龟裂的河床在急速扩展，远处，却隐隐传来了大江的涛声，鱼儿们从一个水洼跳到另一个水洼，奔涛声而去。

"还有多远呢？"一个不大的水洼里，一条大鱼喘着粗气，问躺着歇息的一尾小鱼。

"远着呢！别费劲了，到不了大江的。"小鱼悠然地在水洼里游了一圈说，"做什么大江的梦啊，现实点，就在这儿待着吧！"

"可用不了多久，这水洼里的水就会干的。"

"那又怎样？长路漫漫，你又能走多远？离大江 50 步和离大江 100 步有什么区别？结局都是一样的，要看结局，懂吗？"

"即便真的到不了大江，只要我已经尽力了，也不后悔。"

"你已经遍体鳞伤了，老兄！"小鱼自如地扭动着自己保养得很好的身体，嘲弄着在小水洼里已经转不开身的大鱼："像你这样笨重的身体，不老老实实在原处待着，还奔什么大江啊？你以为自己还年轻啊？就算真的有鱼能到达大江，也不可能是你！"

小鱼戳到了大鱼的痛处，它望着小鱼说："真的很羡慕你们有如此娇小的身材，在越来越浅的水洼里，只有你们才能自如地呼吸，可是，再苦再难，我们大鱼也得朝前奔啊，我们也得把握自己的命运。"大鱼说完，一个纵身，跳入了下一个水洼，它听见了小鱼的嘲笑声。它知道，自己的动作很笨拙，它看见自己的鱼鳞又脱落了几片，而肚皮已渗出斑斑血迹，但它对自己说："此时此刻，除了向前，已别无选择。"

水洼的面积越来越小，大鱼知道，前面的路将越发艰难，它已很难再喝到水了，偶尔滋润干唇的是自己的泪。沿途，它看见大片大片的鱼变成了鱼干，其中，有许多是比它灵活得多的小鱼。

每一个水洼里都躺着懒得再动的伙伴，它们大口大口地喘着粗气，对大鱼说："别跳了，省点力气吧！没用的。"而大鱼却分明听见了越来越近的涛声。"坚持，"它对自己说，"唯有坚持，才有希望。"

不知跳了多久，大鱼终于看见了大江的波涛，可是，它的体力已经在长途跋涉中消耗殆尽，通向大江的路上，最后的一个水洼也干涸了，虽然，只有一步之遥，可大鱼想，它是到不了大江了。就在这时，它听见了水声，接着，便看见一股小小的水流缓缓流来，这是行将干涸的河床在这个夏季最后的一股水流吧？！大鱼抓住了这个机会，在水流的帮助下，一鼓作气奔向大江。而那些留在水洼里的鱼儿，却只是让这股水流稍稍往前带出了一小步而已，大江离它们依旧遥不可及。而干旱却以无法阻挡的步伐占领了这片土地。

在这个世界上，只有强者才能掌握自己的命运，就像故事中的大鱼一样，以一种永不屈服的斗志、昂扬的精神和毅力，克服了种种困难，奔入大海，拥有自由，延展生命。

别在应该受打击的时候追求安慰

给自己一个悬崖，其实就是给自己一片蔚蓝的天空。

有一个老人在山里打柴时，拾到一只样子怪怪的鸟，那只怪鸟和出生刚满月的小鸡一样大小，也许因为它实在太小了，还不会飞，老人就把这只怪鸟带回家给小孙子玩耍。老人的孙子很调皮，他将怪鸟放在小鸡群里，充当母鸡的孩子，让母鸡养育。母鸡没有发现这个异类，全权负起一个母亲的责任。怪鸟一天天长大了，后来人们发现那只怪鸟竟是一只鹰，人们担心鹰再长大一些会吃鸡。为了保护鸡，人们一致强烈要求：要么杀了那只鹰，要么将它放生，让它永远也别回来。因为和鹰相处的时间长了，有了感情，这一家人自然舍不得杀它，他们决定将鹰放生，让它回归大自然。然而他们用了许多办法都无法让鹰重返大自然。他们把鹰带到很远的地方放生，过不了几天那只鹰又回来了，他们驱赶它，不让它进家门，他们甚至将它打得遍体鳞伤……许多办法试过了都不奏效。最后他们终于明白，原来鹰是眷恋它从小长大的家园，舍不得那个温暖舒适的窝。

后来村里的一位老人说："把鹰交给我吧，我会让它重返蓝天，永远不再回来。"老人将鹰带到附近一个最陡峭的悬崖绝壁旁，然后将鹰狠狠向悬崖下的深涧扔去。那只鹰开始时如石头般向下坠去，然而快要到涧底时它终于展开双翅托住了身体，开始缓缓滑翔，然后轻轻拍了拍翅膀，飞向蔚蓝的天空，它越飞越自由舒展，越飞动作越漂亮。它越飞越高，越飞越远，渐渐变成了一个小黑点，飞出了人们的视野，永远地飞走了，再也没有回来。

其实我们每个人又何尝不像那只鹰一样，总是对现有的东西不忍放弃，对舒适安稳的生活恋恋不舍。

人在面对压力时会激发出巨大的潜能，因此，我们不必因惧怕逆境和挫折而去当温室里的花朵。温室里的花朵固然可以安全舒适地生活，但人生不可能一帆风顺，一旦逆境来临，首先被摧毁的就是失去意志力和行动能力的温室花朵，经常接受磨炼的人却能创造出崭新的天地，这就是所谓的"置之死地而后生"。

一个人要想让自己的人生有所转机，就必须懂得在关键时刻把自己带到人生的悬崖。给自己一个悬崖，其实就是给自己一片蔚蓝的天空。

遇见更广阔的自己

在生活中，我们每个人都拥有优于其他人的潜能，但是，许多人终其一生都没将潜能发挥出来，平庸度日。

要想成功，一个人必须挖掘出自己的潜能。

在遥远的国度里，住着一窝奇特的蚂蚁，它们有预知风雨的能力。最近蚂蚁们清楚地知道，有一场巨大的暴风雨正逐渐逼近，整窝蚂蚁全部动员，往高处搬家。

这窝蚂蚁之所以奇特，不在于它们预知气候的能力，许多其他动物也具备这样的天赋。它们的特别之处是窝里的每只蚂蚁都只有 5 只脚，并不像一般蚂蚁长有 6 只脚。

由于它们只有 5 只脚，行动也就没有一般蚂蚁快捷，整个搬家的队伍缓慢前进。虽然面对暴风雨来袭的沉重压力，每只蚂蚁心中都焦急不堪，但行动却半点也快不了。

在漫长的搬家队伍中，有一只蚂蚁与众不同，它的行动快速，不停地往返于高地与蚁窝之间，来回一趟又一趟，仿佛不知劳累，辛苦地尽力抢搬蚁窝中的东西。

这只勤快的蚂蚁引起了五脚蚂蚁群的注意，它们仔细观察它的动作，终于找出这只蚂蚁动作如此敏捷的关键，它有 6 只脚。

五脚蚂蚁的搬家队伍整体暂停下来，它们聚在一起，窃窃私语，讨论这只与它们长得不同，行动却快过它们数倍的六脚蚂蚁。

经过冗长的讨论后，五脚蚂蚁们终于达成共识。它们扑上前去，抓住那只六脚蚂蚁，一阵撕咬过后，将它那多出来的一只脚撕扯了下来。

行动迅速的那只蚂蚁被撕扯掉一只脚，也变成了平凡的五脚蚂蚁，在搬家的队伍中，迟缓地跟随大家移动。

五脚蚂蚁们很高兴它们能除去一个异类，增加一个同伴，这时暴风雨的雷声，已在不远处隆隆地响起。常常在我们接触到一个新的机会、有了一个好的创意，或是工作取得特别进步时，五脚蚂蚁群出现了。他们会告诉你，你得到的机会是陷阱、你的好创意是行不通的，或是提醒你，工作勤奋不一定会有好的报偿。而这些无非是想撕扯掉你突然间多出来的一只脚。

尤其是当你正确地运用出你的潜能时，周围类似五脚蚂蚁般的消极意识更会增加，各式各样不可能的思想蜂拥而至，企图要你放弃他们所不懂的潜能，让你成为平庸的人。

在这个时候，你一定要把握住自己，用你独立的思想，来保护自己多出来的那只"脚"。

第六辑

优秀的人，
从来不会输掉修养

世上美好的东西，都留给满腔热情的人

程韵终于决定搬家了。搬家的念头从一年前就一直困扰着程韵，同时困扰着他的还有工作的不顺和生活的挫折。身为工程师的程韵已人过中年，事业却毫无起色，仍是一个"高级"的打工仔。与妻子结婚8年，经历了一个"持久战"，原来的甜美与温馨已被生活的琐事和平淡冲击得荡然无存。程韵最近常常无端地发脾气，抱怨别人见利忘义。终于，在经历了又一个失眠之夜后，他们搬家了。

程韵和妻子来到了另外一个城市，搬进了新居。这是一幢普通的公寓楼。程韵依然忙于工作，早出晚归对身边的一切都未曾在意。

一个周末的晚上，程韵和妻子正在整理房间，突然，停电了，屋子里一片漆黑。他们在房间里翻来翻去也没有找到蜡烛，只好无奈地坐在地板上抱怨起来。

这时，门口突然传来轻轻的、断断续续的敲门声，打破了黑夜的寂静。

把生活和未来过成你想要的样子

冷漠、刻薄只能使自己与别人离得越来越远。点亮心中的蜡烛，在温暖自己的同时照亮别人，才能体会到人与人之间真挚的情感。

　　"谁呀？"程韵并不知道是谁会在这时拜访，因为他在这个城市并没有熟人，也不愿意在周末被人打扰。他感到莫名的烦躁，费力地摸到门口，极不耐烦地开了门。

　　门口站着一个小男孩，他怯生生地对程韵说："叔叔，我是您楼上的邻居。请问您有蜡烛吗？"

　　"没有！"程韵气不打一处来，"嘭"的一声把门关上了。

"真是麻烦！"程韵对妻子抱怨道，"现在都是些什么人，我们刚刚搬来就来借东西，这么下去怎么得了！"

就在他满腹牢骚的时候，门口又传来了敲门声。

打开门，门口站着的依然是那个小男孩，手里拿着两根蜡烛，红彤彤的，在这个黑暗的夜里，格外显眼。"妈妈说，楼下新来了邻居，可能没有带蜡烛来，要我拿两根给你们。"

程韵顿时愣住了，他被眼前发生的一幕惊呆了，好不容易才缓过神来。"谢谢你，孩子，也谢谢你的妈妈！"

在那一瞬间，程韵猛然意识到了很多，他明白了自己失败的根源就在于对别人的冷漠与刻薄。

程韵和妻子一起点燃了这两根蜡烛，看着跳动的火苗，他们感到心中明亮了许多。

做对的，从不忏悔；做错的，必须赎罪

在意大利瓦耶里市的一个居民区里，35岁的玛尔达是个备受人们议论的女人。她和丈夫比特斯都是白皮肤，但她的两个孩子中却有一个是黑色的皮肤。

这个奇怪的现象引起周围邻居的好奇和猜疑，玛尔达总是微

笑着告诉他们，由于自己的祖母是黑人，祖父是白人，所以女儿莫妮卡出现了返祖现象。

2002年秋，黑皮肤的莫妮卡接连不断地发高烧。后经安德烈医生诊断说莫妮卡患的是白血病，唯一的治疗办法是做骨髓移植手术。玛尔达让全家人都做了骨髓配型实验，结果没一个合适的。医生又告诉他们，像莫妮卡这种情况，寻找合适骨髓的概率是非常小的。还有一个行之有效的办法，就是玛尔达与丈夫再生一个孩子，把这个孩子的脐血输给莫妮卡。这个建议让玛尔达怔住了，她失声说："天哪，为什么会这样？"她望着丈夫，眼里弥漫着惊恐和绝望。丈夫比特斯也眉头紧锁。

第二天晚上，安德烈医生正在值班，突然值班室的门被推开了，是玛尔达夫妇。他们神色肃穆地对医生说："我们有一件事要告诉您，但您必须保证为我们保密。"医生郑重地点点头。

"1992年5月，我们的大女儿伊莲娜已2岁，玛尔达在一家快餐店里上班，每晚10点才下班。那晚下着很大的雨，玛尔达下班时街上已空无一人。经过一个废弃的停车场时，玛尔达听到身后有脚步声，惊恐地转头看，一个黑人男青年正站在她身后，手里拿着一根木棒，将她打昏，并强奸了她。等到玛尔达从昏迷中醒来，踉跄地回到家时，已是1点多了。我当时发了疯一样冲出去，可罪犯早已没影了。"说到这里，比特斯的眼里已经蓄满了泪水。

他接着说："不久后，玛尔达发现自己怀孕了。我们感到非在生命面前，一切罪恶都会被人性中的善良所取代，而它所发挥的作用，却远远不止挽救一个生命那么简单，它能够净化一个有污点的灵魂。

常的害怕，担心这个孩子是那个黑人的。玛尔达想打掉胎儿，但我还是心存侥幸，也许这孩子是我们的。我们惶恐地等待了几个月。1993 年 3 月，玛尔达生下了一个女婴，是黑色的皮肤。我们绝望了。曾经想把孩子送到孤儿院，可是一听到她的哭声，我们就舍不得了。毕竟玛尔达孕育了她，她也是条生命啊。我和玛尔达都是虔诚的基督徒，我们最后决定养育她，给她取名莫妮卡。"

安德烈医生终于明白这对夫妻为什么这么惧怕再生个孩子。良久，他试探着说："看来你们必须找到莫妮卡的亲生父亲，也许他的骨髓，或者他孩子的骨髓能适合莫妮卡。但是，你们愿意让他再出现在你们的生活中吗？"玛尔达说："为了孩子，我愿意宽恕他。如果他肯出来救孩子，我是不会起诉他的。"安德烈医生被这份深沉的母爱深深地震撼了。

人海茫茫，况且事隔多年，到哪里去找这个强奸犯呢？玛尔达和比特斯考虑再三，决定以匿名的形式，在报纸上刊登一则寻人启事。

2002 年 11 月，在瓦耶里市的各家报纸上，都刊登着一则特殊的寻人启事，恳求那位强奸者能站出来，为那个可怜的白血病女孩子做最后的拯救。

启事一经刊出，引起了社会的强烈反响。安德烈医生的信箱和电话都被打爆了，人们纷纷询问这个女人是谁，他们很想见见她，希望能给她提供帮助。但玛尔达拒绝了人们的关心，她不愿意透露自己的姓名，更不愿意让别人知道莫妮卡就是那个强奸犯的女儿。

当地的监狱也积极帮助玛尔达。但罪犯都不是当年强奸她的那个黑人。

这则特殊的寻人启事出现在那不勒斯市的报纸上后，一个 30 多岁的酒店老板的心里起了波澜。他是个黑人，叫阿里奇。由于父母早逝，没有读多少书的他很早就工作了。聪明能干的他希望用自己的勤劳换取金钱以及别人的尊重，但他的老板是个种族歧视者，不论他如何努力，总是对他非打即骂。1992 年 5 月 17 日，那天是阿里奇 20 岁生日，他打算早点下班庆贺一下生日，哪知忙乱中打碎了一个盘子，老板居然按住他的头逼他把盘子碎片吞掉。阿里奇愤怒地给了老板一拳，冲出餐馆。怒气未消的他决定报复白人，雨夜的路上几乎没有行人，他在停车场里遇到玛尔达，出于对种族歧视的报复，他无情地强奸了那个无辜的女人。

当晚他用过生日的钱买了一张开往那不勒斯市的火车票，逃离了这座城市。在那不勒斯，阿里奇顺利地在一个美国人开的餐馆里找到了工作，那对夫妇很欣赏勤劳肯干的他，还把女儿丽娜嫁给了他，甚至把整个餐馆委托他经营。几年下来，他不但把餐馆发展成了一个生意兴隆的大酒店，还有了3个可爱的孩子。

这些天，阿里奇几次想拨通安德烈医生的电话，但每次电话号码还未拨完，他就挂断了。

那天晚上吃饭的时候，全家人和往常一样议论着报纸上有关玛尔达的新闻。妻子丽娜说："我非常敬佩这个女人。如果换了我，是没有勇气将一个因被强奸而生下的女儿养大的。我更佩服她的丈夫，他真是个值得尊重的男人，竟然能够接受一个这样的孩子。"

阿里奇默默地听着妻子的谈论，突然问道："那你怎么看待那个强奸犯呢？"

"我绝不能宽恕他，当年他就已经做错了，现在关键时刻他又缩着头。他实在是太卑鄙，太自私了，太胆怯了！他是个胆小鬼！"妻子义愤填膺地说。

一夜未眠的阿里奇觉得自己仿佛在地狱里煎熬，眼前总是不断地出现那个罪恶的雨夜和那个女人的影子。

几天后，阿里奇无法沉默了，他在公共电话亭里给安德烈医生打了个匿名电话。他极力让自己的声音显得平静："我很想知

把生活和未来过成你想要的样子

道那个不幸女孩的病情。"安德烈医生告诉他，女孩病情严重，还不知道她能不能等到亲生父亲出现的那一天。

这话深深地触动了阿里奇，一种父爱在灵魂深处苏醒了，他决定站出来拯救莫妮卡。那天晚上他鼓起勇气，把一切都告诉了妻子。

丽娜听完了这一切气愤地说："你这个骗子！"当她把阿里奇的一切都告诉父母时，这对老夫妇在盛怒之后，很快就平静下来了。

他们告诉女儿："是的，我们应该对阿里奇过去的行为愤怒，但是你有没有想过，他能够挺身而出，需要多么大的勇气？这证明他的良心并未泯灭。你是希望要一个犯过错误，但现在能改正的丈夫，还是要一个永远把邪恶埋在内心的丈夫呢？"

2003年2月3日，阿里奇夫妇与安德烈医生取得联系，2月8日，阿里奇夫妇赶到伊丽莎白医院，医院为阿里奇做了DNA检测，结果证明阿里奇的确就是莫妮卡的生父。当玛尔达得知那个黑人强奸犯终于勇敢地站出来时，她热泪横流。她对阿里奇整整仇恨了10年，但这一刻她充满了感动。

2月19日，医生为阿里奇做了骨髓配型实验，幸运的是他的骨髓完全适合莫妮卡，医生激动地说："这真是奇迹！"

2003年2月22日，阿里奇的骨髓输入了莫妮卡的身体，很快，莫妮卡就度过了危险期。1周后，莫妮卡就健康地出院了。

玛尔达夫妇完全原谅了阿里奇，盛情邀请他和安德烈医生到家里做客。但那一天阿里奇却没有来，他托安德烈医生带来了一封信。在信中他愧疚万分地说："我不能再去打扰你们平静的生活了。我只希望莫妮卡和你们幸福地生活在一起，如果你们有什么困难，请告诉我，我会帮助你们！同时，我也非常感激莫妮卡，从某种意义上说，是她给了我一次赎罪的机会，是她让我拥有了一个快乐的后半生，是她送给我一份最宝贵的礼物！"

琐碎的愉快有时胜过深长的道理

跳舞的时候便跳舞，睡觉的时候就睡觉。即使一个人在幽美的花园中散步，倘若思绪一时转到与散步无关的事物上去，也要很快将思绪收回，想想花园，寻味独处的愉悦，思量一下自己。天性促使我们为保证自身需要而进行活动，这种活动也就给我们带来愉快。慈母般的天性是顾及这一点的，它推动我们去满足理性与欲望的需要，打破它的规矩就违背了情理。

我们知道恺撒与亚历山大就是在最繁忙的时候，仍然充分享受自然的，也就是必需的、正当的生活乐趣。这不是要使精神松懈，而是使之增强，因为要让激烈的活动、艰苦的思索服从于日常生活习惯，是需要有极大的勇气的。他们认为，享受生活乐趣

把生活和未来过成你想要的样子

是自己正常的活动，而战事才是非常的活动。他们持这种看法是明智的，而我们倒是些愚蠢的人。我们说："他一辈子一事无成。"或者说："我今天什么事也没有做……"怎么！你不是生活过来了吗？这不仅是最基本的活动，而且也是我们诸种活动中最有光彩的。

"如果我能够处理重大的事情，我本可以表现出我的才能。"你懂得考虑自己的生活，懂得去安排它吧？那你就做了最重要的事情了。天性的表露与发挥作用，无须异常的境遇，它在各个方面乃至在暗中也都会表现出来，无异于在不设幕的舞台上一样。我们的责任是调整我们的生活习惯，而不是盲从；是使我们的举止温文尔雅，而不是去打仗，去扩张领地。我们最辉煌、最光荣的事业乃是生活得惬意，一切其他事情，执政、致富、建造产业，充其量也只不过是这一事业的点缀和从属品。

没有过不去的事，只有过不去的心

有一位著名的建筑设计师，平生设计出了无数杰作。在 66 岁寿诞之日，他突然宣布：下一个设计便是自己的封笔之作。

惊闻此言，众多房地产商均来拜访他，希望与其合作。

设计师自有他的想法，他一生学富五车，阅历无数，深为现代建筑格局担忧。现在的房屋建筑把城市空间分割得支离破碎，楼房之间的绝对独立加速了都市人情的隔阂与冷漠。他要创建一种新的设计格局，力求在住户之间开辟一条交流和交往的通道，使人们相互之间不再隔离，而充满大家庭般的欢乐与温馨。

他的观点和理念深得一位颇具胆识和超前意识的房地产商的赏赞，出巨资请他设计。经过数月挑灯夜战，图纸出来了，不但业内人士一致叫好，媒体与学术界也交口称赞，房地产商更是信心十足，立马投资施工。

令人惊异的是，设计师的全新设计叫好不叫座，楼盘成交额始终处于低迷状态。

把生活和未来过成你想要的样子

房地产商急了，赶快派遣公司信息部门去做市场调研。调研结果出来了，原来人们不肯掏钱不是设计的原因，是人们有许多的顾虑。虽然这样的设计令人耳目一新，活动空间也大了，但这样邻里之间会不会有更多的矛盾？孩子会不会更加难以看管？人员复杂，会不会有更多的入室抢劫、盗窃事件发生？

设计师听到这个反馈，心中充满了酸涩与无奈，他退还了所有的设计费，办理了退休手续，与老伴儿回乡下去了。临行前，他对众人感慨道："我一生设计无数，这是我一生最大的败笔，因为我只识图纸不识人啊！我们可以拆除隔断空间的砖墙，而人心之间那堵坚厚的墙又有谁能拆得掉呢？"

生活教会你：不要争强，要很坚强

这是发生在日本的一则故事。

一个女人死了丈夫，家乡又遭受了灾祸，不得已，母亲带着两个孩子背井离乡，辗转各地，好不容易得到一个善良人家的同情，把一个仓库的一角租借给她们母子三人居住。

空间很小，只有3张榻榻米大小，她铺上一张席子，拉进一个没有灯罩的灯泡，一个炭炉，一个吃饭兼孩子学习两用的小木箱，还有几床破被褥和一些旧衣服，这是他们的全部家当。

为了维持生活，女人每天早晨 6 点离开家，先去附近的大楼做清扫工作，中午去学校帮助学生发食品，晚上到饭店洗碟子。结束一天的工作回到家里已是深夜十一二点钟了。于是，家务的担子全都落在了大儿子身上。

为了一家人能活下去，女人披星戴月，从没睡过一个安稳觉，可生活还是那么清苦。她们就这样生活着，半年、8 个月、10 个月……做母亲的不忍心孩子们跟她一起过这种苦日子。她想到了死，想和两个孩子一起离开人间，到丈夫所在的地方去。

这一天，女人泡了一锅豆子，早晨出门时，给大儿子留下一张条子："锅里泡着豆子，把它煮一下，晚上当菜吃，豆子煮熟时少放点酱油。"

又经过了一天的辛劳和疲惫，女人偷偷买了一包安眠药带回家，打算当天晚上和孩子们一块儿死去。

她打开房门，见两个儿子已经钻进席子上的破被褥里，并排入睡了。忽然，女人发现大儿子的枕边放着一张纸条，便有气无力地拿了起来。上面这样写道：

"妈妈，我照您条子上写的那样，认真地煮了豆子，豆子烂了时放进了酱油。不过，晚上盛出来给弟弟当菜吃时，弟弟说太咸了，不能吃。弟弟只吃了点冷水泡饭就睡觉了。

"妈妈，实在对不起。不过，请妈妈相信我，我的确是认真煮豆子的。妈妈，尝一粒我煮的豆子吧。而且，明天早晨不管您

把生活和未来过成你想要的样子

起得多早，都要在您临走前叫醒我，再教我一次煮豆子的方法。

"妈妈，我们知道您已经很累了。我心里明白，妈妈是在为我们操劳。妈妈，谢谢您。不过请妈妈一定保重身体。我们先睡了。妈妈，晚安！"

泪水从女人的眼里夺眶而出。

"孩子年纪这么小，都在顽强地伴着我生活……"母亲坐在孩子们的枕边，伴着眼泪一粒一粒地品尝着孩子煮的咸豆子。一种信念在她的心中升腾而起：我选择坚强地活下去。

女人摸摸装豆子的布口袋，里面正巧剩下一粒豆子。她把它捡出来，包进大儿子给她写的信里，她决定把它当作护身符带在身上。

请不要为了那已消逝的而惆怅

世间最可怕的衰老是心态的衰老，如果你有一个年轻的体魄，却有一颗衰老的心，那会比你有一个衰老的身体还要可悲。没有什么可以挡得住你前进的脚步，擦亮你的眼睛，就会看到生活的希望，一切还皆有可能。时刻保持年轻的心态，你的生命也会常保绿色。

一天夜里，一场雷电引发的山火烧毁了美丽的"万木庄园"，这座庄园的主人迈克陷入了一筹莫展的境地。面对如此大的打击，他痛苦万分，闭门不出、茶饭不思、夜不能寐。

　　转眼间，一个多月过去了，年已古稀的外祖母见他还陷入悲痛之中不能自拔，就意味深长地对他说："孩子，庄园成了废墟并不可怕，可怕的是，你的眼睛失去了光泽，一天一天地老去。一双老去的眼睛，怎么能看得见希望……"

　　迈克在外祖母的说服下，决定出去转转。他一个人走出庄园，漫无目的地闲逛。在一条街道的拐弯处，他看到一家店铺门前人头攒动。原来是一些家庭主妇正在排队购买木炭。那一块块躺在纸箱里的木炭让迈克的眼睛一亮，他看到了一线希望，急忙兴冲冲地向家中走去。

　　在接下来的两个星期里，迈克雇了几名烧炭工，将庄园里烧焦的树木加工成优质的木炭，然后送到集市上的木炭经销店里。

　　很快，木炭就被抢购一空，他因此得到了一笔不菲的收入。他用这笔收入购买了一大批新树苗，一个新的庄园初具规模了。

　　几年以后，"万木庄园"再度绿意盎然。

　　庄园废了并不可怕，可怕的是心灵成了废墟，在困境来临的时候，不被困境吓倒，而是保持积极的心态，困难就会被你击倒。

　　把生活和未来过成你想要的样子

不知道低头，王冠才会掉

有位刚刚退休的资深医生，医术非常高明，许多年轻的医生都前来求教，并渴望投身于他的门下。

资深医生选中了其中一位年轻的医生，帮忙看诊，两人以师徒相称。出诊时，年轻医生成为得力的助手，资深医生理所当然是年轻医生的导师。

由于两人合作无间，诊所的患者与日俱增，诊所声名远播。为了分担越来越多的工作量，避免患者等得太久，医生师徒决定分开看诊。

病情比较轻微的患者，由年轻医生诊断；病情较严重的，由师父出马。实行一段时间之后，指明挂号给医生徒弟看诊的患者比例明显增加。起初，医生师父不以为意，心中也高兴："小病都医好了，当然不会拖延成为大病，病患减少了，我也乐得轻松。"

直到有一天，师父发现，有几位病人的病情很严重，但在挂号时仍坚持要让徒弟看诊，对此现象他百思不得其解。

还好，医生师徒两人彼此信赖，相处时没有心结，收入的分配也有一套双方都能接受的标准，所以师父并没有往坏处想，也就不至于怀疑到徒弟从中搞鬼、故意抢病人的地步。

"可是，为什么呢？"他问自己，"为什么大家不找我看病？难道他们以为我的医术不高明吗？我刚刚才得到一项由医学会颁发的'杰出成就奖'，登在新闻报纸上的版面也很大，很多人都看得到啊！"

为了解开他心中的疑团，一个朋友来到他的诊所深入观察。本来这个朋友想佯装成患者，后来因为感冒，也就顺理成章地到他的诊所就医，顺便看看问题出在哪里。

初诊挂号时，负责挂号的护士很客气，并没有刻意暗示病人要挂哪一位医生的号。

复诊挂号时，就有点学问了，发现很多病人都从师父那边转到徒弟的诊室。问题就出在所谓的"口碑效果"，徒弟的门诊挂号人数偏多，等候诊断的时间也较长，有些病人在等候区聊天，交换彼此的看诊经验，呈现出"门庭若市"的场面。

更有趣的是，徒弟的经验虽然不够丰富，但就是因为他有自知之明，所以问诊时非常仔细，慢慢研究推敲，跟病人的沟通较多，也较深入，而且很亲切、客气，也常给病人加油打气："不用担心啦！回去多喝开水，睡眠要充足，很快就会好起来的。"类似的心灵鼓励，让他开出的药方更有加倍的效果。

回过来看看师父这边，情况正好相反。经验丰富的他，看诊速度很快，往往患者无须开口多说，他就知道问题在哪里，资深加上专业，使得他的表情显得冷酷，仿佛对病人的苦痛已然麻痹，缺少同情心。

整个看诊的过程，明明是很专业认真的，却容易使患者产生"漫不经心、草草了事"的误会。当朋友向医生师父提出这些浅见时，师父惊讶地张大了嘴巴："我自己怎么就没有发现！"

这就是麦穗弯腰的哲学，其实，很多具有专业素养的人士，都很容易遇到类似的问题。

他们并不是故意要摆出盛气凌人的高姿态，但却因为地位高高在上，令人仰之弥高，从而产生了遥不可及的距离感。

别忘了，越成熟的麦穗，越懂得弯腰。

或者，我们也可以来个逆向思考，越懂得弯腰，才会越成熟。

哪怕一地鸡毛，也要丢掉烦恼

心理学家带领他的学生来到一间黑暗的屋子。在他的指引下，他的学生们轻松地穿过了这间伸手不见五指的神秘房间。

接着，心理学家打开房间里的一盏灯，在这昏黄如豆的灯光下，学生们才看清楚房间的布置，不禁吓出了一身冷汗。原来，这间房子里是一个很深很大的水池，池子里有几条张着血盆大口的鳄鱼在向上张望。就在这池子的上方，搭着一座很窄的木桥，他们刚才就是从这座木桥上走过来的。

心理学家看着他们，问："现在你们还愿意再次走过这座桥吗？"大家你看看我、我看看你，一时间冷了场。谁也不愿意拿自己的性命开玩笑。

这时，心理学家又打开了房内另外几盏灯，灯光又亮了许多。学生们揉揉眼睛再仔细看，才发现小木桥的下方装着一道安全网，只是因为网线的颜色极暗，他们刚才都没有看出来。心理学家大声地问："你们当中还有谁愿意现在就通过这座小桥？"

过了片刻，有 3 个学生犹犹豫豫地站了出来。其中一个学生一上去，就异常小心地挪动着双脚，速度比第 1 次慢了好多；另一个学生战战兢兢地踩在小木桥上，身子不由自主地颤抖着，才走到一半，就挺不住了；第三个学生干脆弯下身来，慢慢地趴在小桥上爬了过去。

心理学家问他的学生们："有了安全网的保护，你们怎么还会这么害怕呢？"学生们心有余悸地反问："这张安全网的质量可靠吗？"

心理学家把所有的灯都打开了，强烈的灯光一下把整个房间照耀得如同白昼。学生们这才看清，原来池中的鳄鱼是逼真的橡胶模型，而非真正的鳄鱼，他们的脸上重新露出了轻松的笑容。心理学家又问："这次谁敢走过这座桥？"这一次，所有的人都将手举了起来，无一例外。

第七辑

人生很长，

你首先要和自己和解

为他人的成功点赞，但也要拥抱自己的平凡

适时地宽恕自己的错误，生活才能更轻松。

有一天，上帝来到人间，遇到一个智者，正在钻研人生的问题。上帝敲了敲门，走到智者的跟前说："我也对人生感到困惑，我们能一起探讨一下吗？"

智者毕竟是智者，他虽然没有猜到面前这个老者就是上帝，但也猜到绝不是一般的人。

他正要问来者是谁，上帝说："我们只是探讨一些问题，完了我就走了，没有必要通报我的姓名吧。"

智者说："我越是研究，就越是觉得人类是一种奇怪的动物。他们有时候非常理智，有时候却非常不理智，而且往往在大的方面丧失了理智。"

上帝感慨地说："这个我也有同感。他们厌倦童年的美好时光，急着长大成熟，但长大了，又渴望返老还童。健康的时候，不知道珍惜健康，往往牺牲健康来换取财富，然后又牺牲财富来换取健康。他们对未来充满焦虑，却往往忽略现在，结果既没有

在适当的时候，懂得宽容自己，才能摆脱不必要的心灵负担，活得更加轻松。

生活在现在，又没有生活在未来之中。他们活着的时候好像永远不会死去，但死去以后又好像从没活过，还说人生如梦……"

智者认为上帝的论述非常精辟，就说："研究人生的问题，是很耗费时间的。你怎么利用时间呢？"

"是吗？我的时间是永恒的。对了，我觉得人一旦对时间有了真正透彻的理解，也就真正弄懂了人生了。因为时间包含着机遇，包含着规律，包含着人间的一切，比如，新生的生命、没落的尘埃、经验和智慧等人生至关重要的东西。"

智者静静地听上帝说着，然后，他要求上帝对人生提出自己的忠告。

上帝从衣袖中拿出一本厚厚的书，上边却只有这么一段话：

人啊！有人会深深地爱着你，但却不知道如何表达；金钱唯一不能买到的，却是最宝贵的，那便是幸福；宽恕别人和得到别人的宽恕还是不够的，你也应当宽恕自己；你所爱的，往往是一朵玫瑰，并不是非要极力地把它的刺根除掉，你能做的最好的，就是不要被它刺伤，自己也不要伤害到心爱的人；尤其重要的是，很多事情错过了就没有了。

智者看完了这些文字，激动地说："只有上帝，才能……"抬头一看，上帝已经消失得无影无踪了。

把生活和未来过成你想要的样子

你就要去过别人觉得"不值"的生活

"我想按照自己的定义生活。"梅格莱恩说，"我绝对不要活在别人定义的形象下。我不在乎遗忘，人们总是会变得贪婪、太自我。我希望能不断成长，活出既有的框架。也许我会再拍一部或两部电影，也许不会。虽然我会怀念这个工作，不过我对其他事情也很有兴趣。"

"我希望能活得踏实。"她说，"我不想过得飘飘然，脱离现实。"

你想要的自我方式是什么样？这是一个永远没有标准答案的问题。只要那是你要的方式，便是最好的方法。

最可悲的人生，便是活了一辈子之后，却发现这不是自己要的一辈子！

做着自己不喜欢的工作、念着不想念的科系、过着自己不想要的生活……这种人即使活了 200 岁也是白活，因为他根本没有自己、没有思想，只像张复印纸，不断地复印别人的想法和意见，以这些东西再来复印生活！

活出自己，还必须要克服的是：别太在乎别人的想法和眼光。

相信世界上不会有人比你自己更懂自己要什么！

每个人的价值观和对生活的认同感都并不尽然相同，他们当然可以给你意见，为你分析，你也可以参考、去思考，但绝对不可以一个口令一个动作，人家说好的便去做，人家不认同的便去抗拒，这样只是对自己不尊重而已。而不懂得尊重自己的人，别人又怎么会懂得去尊重你？把自己生命中该思考的问题丢给别人负责，根本就是不负责任的行为！

任何人都有自我的方式：有人用唱歌活出自己、有人通过画画、有人用舞蹈、有人用种田、有人用煮饭、有人靠买卖……方式各异但唯一相同的是：这都是自我的选择。

生命是自己的，生活是个人的，方式更是自己选的。每个人都有不同的天分，只要将自己最擅长、最喜欢的部分去延伸发展，就可以发展精彩的自我人生。

把生活和未来过成你想要的样子

不要再犹豫了，你当然可以决定要活出自己。生命的原色原本就该这样，将那些杂质滤掉，快快乐乐地活出自己吧！

好的时候希望你更好，不好的时候希望你有力

珍子家世代采珠，她有一颗珍珠是她母亲在她离开家赴美求学时给她的。

在她离家前，珍子整日都在担心能否融入那个陌生的环境中，她母亲郑重地把她叫到一旁，给她这颗珍珠，告诉她说："当女工把沙子放进蚌的壳内时，蚌觉得非常地不舒服，但是又无力把沙子吐出去，所以蚌面临两个选择，一个是抱怨，让自己的日子很不好过，另一个是想办法把这粒沙子同化，使它跟自己和平共处。于是蚌开始把它的精力营养分一部分去把沙子包起来。"

"当沙子裹上蚌的外衣时，蚌就觉得它是自己的一部分，不再是异物了。沙子裹上的蚌的成分越多，蚌越把它当作自己，就越能心平气和地和沙子相处。"

母亲启发她道："蚌并没有大脑，它是无脊椎动物，在演化的层次上很低，但是连一个没有大脑的低等动物都知道要想办法去适应一个自己无法改变的环境，把一个令自己不愉快的异

己，转变为可以忍受的自己的一部分，人的智能怎么会连蚌都不如呢？"

要尊重自己，学会说"不"

罗恩刚参加工作不久，姑妈来到这个城市看他。罗恩陪着姑妈把这个小城转了转，就到了吃饭的时间。

罗恩身上只有50美元，这已是他所能拿出招待对他很好的姑妈的全部资金，他很想找个小餐馆随便吃一点，可姑妈却偏偏相中了一家很体面的餐厅。罗恩没办法，只得硬着头皮随她走了进去。

两人坐下来后，姑妈开始点菜，当她征询罗恩意见时，罗恩只是含混地说："随便，随便。"此时，他的心中七上八下，放在衣袋中的手紧紧抓着那仅有的50美元。这钱显然是不够的，怎么办？

可是姑妈一点也没注意到罗恩的不安，她不住口地夸赞这儿可口的饭菜，中途姑妈看到邻桌有一杯很诱人的香草冰淇淋，便将侍者叫来询问价格，侍者说那是本店推出的新品，特价15美元一杯。姑妈问罗恩要不要来一杯，罗恩多么想说"不"啊，但他看到姑妈那么喜欢的样子，便鬼使神差般地说了句："来两杯吧！"

姑妈吃得很高兴，不时发出赞叹声，可罗恩却什么味道都没吃出来。

最后的时刻终于来了，彬彬有礼的侍者拿着账单，径直向罗恩走来，罗恩张开嘴，却什么也没说出来。

姑妈温和地笑了，她拿过账单，把钱给了侍者，然后盯着罗恩说："孩子，我知道你的感觉，我一直在等你说不，可你为什么不说呢？要知道，有些时候一定要勇敢坚决地把这个字说出来，这是最好的选择。我来这里，就是想要让你知道这个道理。不过，还是感谢你请姑妈吃了一顿大餐，今天好像的确吃得太多了一些，平时我吃两片面包、一杯牛奶就够了。"

这一课对所有的人都很重要：在你力不能及的时候要勇敢地把"不"说出来，否则你将陷入更加难堪的境地。

学会说"不"，是种自我尊重，尊重了自己之后，别人才会尊重我们。

做人岂能完美，接受真实的自己

美国心理学家纳撒尼雨·布兰登举过一个他亲身经历的例子。

许多年前，一位叫洛蕾丝的 24 岁的年轻妇女无意中读了他的一本书，便找他来进行心理治疗。洛蕾丝有一副天使般的面孔，可骂起街来却粗俗不堪，她曾吸毒、卖淫。

布兰登说，她做的一切都使我讨厌，可我又喜欢她，不仅因为她的外表相当漂亮，而且因为我确信在堕落的表象下她是个出色的人。

起初，我用催眠术使她回忆她在初中是个什么样的女孩子。她当时很聪明，但是不敢表现自己，怕引起同学的嫉妒。她在体育上比男孩强，招惹来一些人的讽刺挖苦，连她哥哥也怨恨她。我让她做真空练习，她哭泣着写了这样一段话：你信任我，你没有把我看成坏人！你使我感到痛苦，也感到了希望！你把我带到了真实的生活，我恨你！

一年半后，洛蕾丝考取了洛杉矶大学学习写作，几年后成为一名记者，并结了婚。10 年后的一天，我和她在大街上相遇，我几乎认不出她了：衣着华丽，神态自若，生机勃勃，丝毫不见过去的创伤。寒暄后，她说："你是没有把我当成坏人看待的那个人，你把我看作一个特殊的人，也使我看到了这一点。那时我非常恨你！承认我是谁，我到底是什么人，这是我一生中从未遇到的事。

把生活和未来过成你想要的样子

人们常说承认自己的缺点是多么不容易的事，其实承认自己的美德更难。"

真正面对成功，就必须要学会放弃完美，不求完美，因为我们的确不是完美无缺的。这是一个令人宽慰的事实，我们越早接受这一事实，就越能及早地向新的目标迈进，这是人生的真谛。

没有自我接受、自我肯定这个先决条件，我们怎么会改进和提高呢？

你站在一面穿衣镜前，观察自己的面孔和全身。你可能喜欢某些部分，而不喜欢另外某些部分。有些地方可能不怎么耐看，使你感到不安，但如果你看自己不喜欢的样子，请你不要逃避，不要抵触，不要否认自己的容貌。这个时候你就需要放弃完美，放弃"公有化"的标准，而用自己的标准来看待自己。否则你就无法自我接受、自我肯定。

法国大思想家卢梭说得好："大自然塑造了我，然后把模子打碎了。"这话听起来似乎有点深奥，其实说的是实在话，可惜的是，许多人不肯接受这个已经失去了模子的自我，于是就用自以为完美的标准，即公共模子，把自己重新塑造一遍，结果彼此就变得如此相似，都失去了自我。

"成为你自己！"这句格言之所以知易行难，道理就在于此。失去了自我，失去了个性与自我意识，还谈什么改进和提高呢？

应当怎么办？你要用自己的眼光注视镜子里边的自我形象，并试着对自己说："无论我的什么缺陷，我都无条件地完全接受，并尽可能喜欢我自己的模样。"你可能想不通：我明明不喜欢我身上的某些东西，我为什么要无条件地完全接受呢？

接受意味着接受事实，是承认镜子里的面孔和身体就是自己的模样。接受自己承认事实，你会觉得轻松一点，感到真实和舒服了。慢慢地，你就会体会到自我接受与自信自爱之间相辅相成的关系。我们学会接受自我，才会构建属于自己的头脑。

有错过，有遗憾，这才是人生

吃了亏的人说："吃亏是福。"

丢了东西的人说："破财免灾。"

胆子小的人说："出头的椽子先烂。"

侥幸逃过一劫的人说："大难不死，必有后福。"

受欺压的人说："不是不报，时候未到。"

卸任官员说："无官一身轻。"

官场失意者说："塞翁失马，焉知非福。"

生了女孩的父母说："养女儿是福气，养儿子是名气。"

没钱人的太太说："男人有钱就变坏。"

惧内的丈夫说："有人管着好呀，啥事都不用操心。"

夫不下厨，妻跟人说："整天围着锅台转的男人没出息。"

生活中不免会有失意之时，不免会遇到不公之事，用豁达的胸襟来包容，才会活得轻松自在。

住在顶楼的人说："顶楼好呀，上下楼锻炼身体，空气新鲜，还不会有人骚扰。"

住在一楼的人说："一楼好呀，出入方便，省得爬楼梯，怪累的。"

某人被老板炒了鱿鱼，他对人说："我把老板给炒了。"

中国人的确有些"阿Q"精神，既要面子，又要自我解嘲。然而这没什么不好，达观地处理嘛！

我们每一个人所拥有的财物，无论是房子、车子、金子……无论是有形的，还是无形的，没有一样是属于自己的。智者把这些财富通通视为身外之物。

卡耐基说："要是我们得不到我们希望的东西，最好不要让忧虑和悔恨来苦恼我们的生活。"且让我们原谅自己，学得豁达一点。根据古希腊哲学家艾皮科蒂塔的说法，哲学的精华就是：一个人生活上的快乐，应该来自尽可能减少对外在事物的依赖。罗马政治学家及哲学家塞涅卡也说："如果你一直觉得不满，那么即使你拥有了整个世界，也会觉得伤心。"且让我们记住，即使我们拥有整个世界，我们一天也只能吃3餐，一次也只能睡1张床，即使是一个挖水沟的工人也可如此享受，而且他们可能比洛克菲勒吃得更津津有味，睡得更安稳。

"身外物，不眷恋"是思悟后的清醒。它不但是超越世俗的大智大勇，也是放眼未来的豁达襟怀。谁能做到这一点，谁就会活得轻松，过得自在，遇事想得开，放得下。

把生活和未来过成你想要的样子

丑也不要紧，至少是你自己的

世上很多不能走出生存困境的人都是因为对自己信心不足，他们就像脆弱的小草一样，毫无信心去经历风雨，这是一种可怕的自卑心理。所谓自卑，就是轻视自己，自己看不起自己。

自卑心理严重的人，并不一定是其本身具有某些缺陷或短处，而是不能悦纳自己，自惭形秽，常把自己放在一个低人一等，不被自我喜欢，进而演绎成别人也看不起的位置，并由此陷入不能自拔的痛苦境地，心灵笼罩着永不消散的愁云。

王璇本来是一个活泼开朗的女孩，后来被自卑折磨得一塌糊涂。

王璇在一家大型的日本企业上班，毕业于某著名语言大学。大学期间的王璇是一个十分自信、从容的女孩。她的学习成绩在班级里名列前茅，是男孩追逐的焦点。

然而，最近，王璇的大学同学惊讶地发现，王璇变了，原先活泼可爱、整天嘻嘻哈哈的她，像换了一个人似的，不但变得羞羞答答，甚至其行为也变得畏首畏尾，而且说起话、干起事来都显得特别不自信，和大学时判若两人。

每天上班前，她会为了穿衣打扮花上整整两个小时的时间。为此她不惜早起，少睡两个小时。她之所以这么做，是怕自己打扮不好，遭到同事或上司的取笑。在工作中，她更是战战兢兢、小心翼翼，甚至到了谨小慎微的地步。

原来到日本公司后，王璇发现日本人的服饰及举止显得十分高贵及严肃，让她觉得自己土气十足，上不了台面。于是，她对自己的服装及饰物产生了深深的厌恶。第二天，她就跑到服饰精品商场去了。可是，由于还没有发工资，她买不起那些名牌服装，只能悻悻地回来了。

在公司的第一个月，王璇是低着头度过的。她不敢抬头看别人穿的名牌西服、名牌裙子，因为一看，她就会觉得自己穷酸。

那些日本女人或早于她进入这家公司的中国女人大多穿着一流的品牌服饰，而自己呢，竟然还是一副穷学生样。每当这样比较时，她便感到无地自容，她觉得自己就是混入天鹅群的丑小鸭，心里充满了自卑。

服饰还是小事，令王璇更觉得抬不起头来的是她的同事们平时用的香水都是洋货。她们所到之处，处处清香飘逸，而王璇自己用的却是一种廉价的香水。

女人与女人之间，聊起来无非是生活上的琐碎小事，主要的是衣服、化妆品、首饰，等等。

而关于这些，王璇几乎插不上嘴。这样，她在同事中间就显得十分孤立。

在工作中，王璇也觉得很不如意。由于刚踏入工作岗位，工作效率不是很高，不能及时完成上司交给的任务，有时难免受到批评，这让王璇更加拘束和不安，甚至开始怀疑自己的能力。

此外，王璇刚进公司的时候，她还要负责做清洁工作。看着同事们悠然自得地享用着她倒的开水，她就觉得自己与清洁工无异，这更加深了她的自卑意识……

像王璇这样的自卑者，总是一味轻视自己，总感到自己这也不行、那也不行，什么也比不上别人。

怕正面接触别人的优点，回避自己的弱项，这种情绪一旦占据心头，犹豫、忧郁、烦恼、焦虑便纷至沓来。

每一个人都有其优势，都有其存在的价值。自卑是一种没有必要的自我没落。

一个人如果陷入了自卑的泥潭，他能找到一万个理由说自己如何不如别人，比如我个矮、我长得黑、我眼睛小、我不苗条、我嘴大、我有口音、我汗毛太多、我父母没地位、我学历太低、我职务不高、我受过处分、我有病，乃至我不会吃西餐等，可以找到无数种理由让自己自卑。由于自卑而焦虑，于是注意力分散了，从而破坏了自己的成功，导致失败，失败—自卑—焦虑—分散注意力—失败，这就是自卑者制造的恶性循环。

你的人生还差那么一点洒脱

"生活是沉重的"，他一直这样认为，以至于有一天他觉得被压得有些喘不过气来了，便向一位禅师求助，寻求解脱之法。

禅师听明他的来意，递给他一个竹篓背在肩上，笑着说："我正要去南山取些彩石，你与我同行吧。见到美丽的石头便捡到竹篓中吧。"他同意了。

路上，每走两步就能见到一块美丽的石头，他把它们都装在了竹篓里。过了一会儿，禅师问他有什么感觉。他说："觉得越来越沉重。"禅师说："这也就是你为什么感觉生活越来越沉重的道理。当我们来到这个世界上时，我们每人都背着一个空篓子，然而我们每走一步都要从这世界捡一样东西放进去，所以才有了越走越累的感觉。"

他问："有什么办法可以减轻这沉重呢？"

禅师问："那么你愿意把工作、爱情、家庭、友谊哪一样拿出来呢？"

那人不语。

禅师说："我们每个人的篓子里装的不仅仅是精心从这个世界上寻找来的东西，还有责任，当你感到沉重时，也许你应该庆幸自己不是国王，因为他的篓子比你的大多了，也沉多了。"

　　算起来，人最轻松的时候，一是出生时，二是死亡时。出生时赤条条而来，背的是空篓子；死亡时，则要把篓子里的东西倒得干干净净，又是赤条条而去。除此之外，一个人的一生，就是不断地往自己的篓子里放东西的过程。得了金钱，又要美女；得了豪宅，又要名车；得了地位，还要名声。生怕自己篓子里的东西比别人少，哪怕是如牛负重，心为形役。这又岂能不累？要想真不累，其实也容易得很，只消把背篓里的东西扔出去几样。可每往篓子外扔一件东西，我们都会心疼。那就干脆换个思路，给自己找心理平衡。当你感到生活篓子里的东西太重因而步履蹒跚的时候，你不妨看看左邻右舍羡慕的眼光，看看他们同样也在拼命地往篓子里捡东西，你就会安慰自己，你装的东西多，是你的本事大，别人想装还装不进来呢。

　　你还得明白，篓子里的东西越多，你的责任就越大。譬如说吧，你打算娶一个美女为妻，也就是说往篓子里放一件人人羡慕的宝贝，那么你在获得美女情爱的时候，责任也就来了：美女的花费肯定比一般女人要高，脾气更怪，被人觊觎、受人勾引的概率也更大，你可能要经常处在猜忌、恐慌、羞耻、愤慨的情绪中。但你与漂亮太太走在街头换来的无数羡慕的眼光，或许就是对你的弥补。

生活就是这样，你要想在篓子里多装东西，就得比别人更辛苦。既然样样都难以割舍，那就不要想背负的沉重，而去想拥有的快乐。

人要活出一点味道，活得有点境界，就得学会摆脱紧张。而摆脱紧张的最好办法就是洒脱。洒脱既可以说是一种外在的行为方式，也可以被看作一种内在的精神境界。一个人要想洒脱，首先就要调整好自己的心态，淡化功利意识，不要把自己看得那么重要。不妨设想一下，这个世界不管离开了谁，地球不都照转吗？人的功利意识或者说使命意识太强，相对来说，其精神负担就大，其压力就大，也就必然活得比常人紧张。但是，也有身负重任者忙中偷闲。有的人即使担当天下大任，也能够表现出一种闲态，比如在军事活动频繁之时，诸葛亮仍旧羽扇纶巾，这是一种潇洒，也是一种品质。只有这种闲情逸致才能养成他们临事不惊的本领。苏东坡为官时不也很有一番洒脱情致吗？

洒脱是一种境界。洒脱不一定需要太多，只要有那么一点，对于你的身心都有好处。

不翻篇，你永远不会知道下一章写得更好

没有一个人是没有过失的，如果有了过失能够决心去修正，即使不能完全改正，只要继续不断地努力下去，也是好的。徒有感伤而不从事切实的补救工作，是最要不得的！

哈蒙是一位商人，四处旅行，忙忙碌碌。当与全家人共度周末时，他非常高兴。他年迈的双亲住的地方，离他的家只有一个小时的路程。哈蒙也非常清楚自己的父母是多么希望见到他和他的全家人。但他总是寻找借口尽可能不到父母那里去，最后几乎发展到与父母断绝往来的地步。不久，他的父亲死了，哈蒙好几个月都陷入内疚之中，回想起父亲为自己做过的所有好事情。他埋怨自己在父亲有生之年未能尽孝心。在最初的悲痛平定下来后，哈蒙意识到，再大的内疚也无法使父亲死而复生。认识到自己的过错之后，他改变了以往的做法，常常带着全家人去看望母亲，并一直同母亲保持密切的电话联系。

大家再看一下赫莉的故事。

赫莉的母亲很早便守寡，她勤奋工作，以便让赫莉能穿上

好衣服，在城里较好的地区住上令人满意的公寓，能参加夏令营，上名牌大学。赫莉的母亲为女儿牺牲了一切。当赫莉大学毕业后，找到了一个报酬较高的工作。她打算独自搬到一个小型公寓去，公寓离母亲的住处不远，但人们纷纷劝她不要搬，因为母亲为她做出了那么大的牺牲，现在她撇下母亲不管是不对的。赫莉感到有些内疚，并同意与母亲住在一起。后来她看上了一个青年男子，但她母亲不赞成她与他交朋友，强有力的内疚感再一次作用于赫莉。几年后，为内疚感所奴役的赫莉，完全处于她母亲的控制之下。而到最终，她又因负疚感造成的压抑毁了自己，并为生活中的每一个失败而责怪自己和自己的母亲。

当然，处在某种情境之下，我们的头脑会被外在因素所控制而不再清醒，不自觉地陷入内疚的泥潭里无法自拔。这时候既需要有人当头棒喝，更需要自己毅然决然作出选择。

把生活和未来过成你想要的样子

第八辑

成为一个不惑、不忧、不惧的人

阳光心态，让你做生活的强者

在对幸福生活的主动追求中，需要你选择乐观，只有乐观的人才能以阳光的心态迎接生活。

琳达是个不同寻常的女孩。她的心情总是非常好，因为她对事物的看法总是正面的。

当有人问她近况如何时，她就会回答："我当然快乐无比。"她是个销售经理，也是个很独特的经理。因为她换过几家公司，而每次离职的时候都会有几个下属跟着她跳槽。她天生就是个鼓动者。如果哪个下属心情不好，琳达会告诉他怎么去看事物的正面。

这种生活态度的确让人称奇。

一天，一个朋友追问琳达说："一个人不可能总是看事情的光明面。这很难办到！你是怎么做到的？"琳达回答道："每天早上我一醒来就对自己说，琳达你今天有两种选择，你可以选择心情愉快，也可以选择心情不好。我选择心情愉快。然后我命令自己要快快乐乐地活着，于是，我真的做到了。每次有坏事发生时，生活中有喜怒哀乐。我们必须清楚，不顺心、不如意是人生不可避免的一部分，这些都是我们个人的力量所不能左右的。明白了这一点，我们就会对生活抱一种达观的态度，而当这种态度占据一个人的心灵后，他就拥有了阳光的心态。

我可以选择成为一个受害者，也可以选择从中学些东西。我选择从中学习。我选择了，我做到了。每次有人跑到我面前诉苦或抱怨，我可以选择接受他们的抱怨，也可以选择指出事情的正面。我选择后者。"

　　"是！对！可是并不能那么容易做到吧。"朋友立刻回应。

　　"就是那么容易。"琳达答道，"人生就是选择。每一种处境面临一个选择。你选择如何面对各种处境，你选择别人的态度会影响你的情绪，你选择心情舒畅还是糟糕透顶。归根结底，你自己选择如何面对人生。"

她曾被确诊患上了中期乳腺癌，需要尽快做手术。手术前期，她依然过着正常而有规律的生活。

所不同的是，每天下午 3 点半的时候她要接受医院规定的检查。对于来检查的医生，她总是微笑接待，让他们感到轻松无比，尽管检查的时候，大多感觉十分不舒服。

直到手术麻醉之前，她仍然对主治医师说："医生，你答应过我，明天傍晚前用你拿手的汉堡换我的插花！别忘了！上次的自制汉堡，味道真好，让人难以忘怀！"医生哭笑不得。手术果然进行得很顺利。两个月后的一天，朋友来探望她，她竟然马上忘记疼痛，要送朋友一件自己刚刚被医院允许做好的插花。等到她出院时，竟然与医科室一半的人都交上了朋友，包括那些病友。因为人们都被她的轻松和坚强所感染和征服。

充满着欢乐与战斗精神的人，永远带着欢乐，欢迎雷霆与阳光。如果一个人，对生活抱一种达观的态度，就不会稍有不如意，就自怨自艾。大部分终日苦恼的人，实际上并不是遭受了多大的不幸，而是自己的内心存在着某种缺陷，对生活的认识存在偏差。事实上，生活中有很多坚强的人，即使遭受不幸，精神上也会岿然不动。

把生活和未来过成你想要的样子

能靠汗水解决的，就别用眼泪

　　1946 年的秋天，26 岁的汪曾祺从西南联大肄业后，只身来到上海，打算单枪匹马闯天下。在一间简陋的旅馆住下后，他就开始四处找工作。工作显然不好找，他每天在胳肢窝里夹本外国小说上街。走累了，他就找条石凳，点燃一支烟，有滋有味地吸着，同时，打开夹了一路的书，细心阅读起来。有时书读得上瘾了，干脆把找工作的事抛到一边，一颗心彻底跳进文字里沐浴。

　　日子越拖越久，兜里的钱越来越少；能找的熟人都找了，能尝试的路子都尝试过了。终于，有一天下午，一股海涛般的狂躁顷刻间吞噬了他！他一反往日的温文尔雅，像一头暴怒不已的狮子，拼命地吼叫。他摔碎了旅馆里的茶壶、茶杯，烧毁了写了一半的手稿和书，然后给远在北京的沈从文先生写了一封诀别信。信邮走后，他拎着一瓶老酒来到大街上。他边迷迷糊糊地喝酒，边思考着一种最佳的自杀方式。他一口一口对着嘴巴猛灌烧酒，心里涌动着生不逢时的苍凉……晚上，几个相熟的朋友找到他时，他已趴在街侧一隅醉昏了。

　　还没有从自杀情结中解脱出来的汪曾祺很快就接到了沈从文的回信。沈从文在信中把他臭骂了一顿，沈从文说："为了一时的困难，就这样哭哭啼啼地，甚至想到要自杀，真是没出息！你手里有一支笔，怕什么！"

沈从文在信中讲述了他初来北京的遭遇。那时沈从文才刚刚20岁，在北京举目无亲，连标点符号都不会用，就梦想着用一支笔闯天下。只读过小学的沈从文最终成功了，成为国内外享有盛誉的大作家。读着沈从文的信，回味着沈从文的往事和话语，汪曾祺先是如遭棒喝，后来一个人偷偷地乐了。

不久，在沈从文的推荐下，《文艺复兴》杂志发表了汪曾祺的两篇小说。后来，汪曾祺进了上海一家民办学校，当上了一名中学教师，再后来，他也和沈从文一样，成了国内外享有盛誉的作家。

为什么你又忙又累还不开心？因为你不懂生活

村里有一位善骑的、箭法好的猎人。一次，他看到一件有趣的事情。那一天，他偶然发现村里一位十分严肃的老人与一只小鸡在游戏。猎人好生奇怪，为什么一个生活严谨、不苟言笑的人会在没人时像一个小孩那样快乐呢？

他带着疑问去问老人，老人说："你为什么不把弓带在身边，并且时刻把弦扣上？"猎人说："天天把弦扣上，那么弦就失去弹性了。"老人便说："我和小鸡游戏，理由也是一样的。"

生活也一样，每天总有干不完的事。但是，你有没有仔细想过，如果天天为工作疲于奔命，最终这些让我们焦头烂额的事情也会超过我们所能承受的极限。

尤其是在当今社会，生活节奏不断加快，时间似乎对每个人都不留情面。于是，超负荷的工作便给人造成了不可避免的疾患。

因为人们的生活起居没了规律，所以患职业病、情绪不稳、心理失衡甚至猝死等一系列情况时有发生，给人们的生活、工作及心理造成无形的压力。

据有关统计，在美国，有一半成年人的死因与压力有关；企业每年因压力遭受的损失达 1500 亿美元——员工缺勤及工作心不在焉而导致效率低下。在挪威，每年用于职业病治疗的费用达国民生产总值的 10%。在英国，每年由于压力造成 1.8 亿个劳动日的损失，企业中 60% 的缺勤是由于压力的不适引起的。

我们需要换一种心情，轻松一下，学会放下工作，试着做一些运动，以偷得片刻休闲，消去心中烦闷。有一位网球运动员，每次比赛前别人都会好好睡一觉，然后去练球，他却一个人去打篮球。有人问他，为什么你不练网球，他说：打篮球我没有丝毫压力，觉得十分愉快。对于他来说，换一种心态，换一种运动方式，就是最好的休闲。

千万别说自己没时间，我们都有时间，并且可以试着改变自己。当你下班赶着回家做家务时，不妨提前一站下车，花半小时，慢慢步行，到公园里走走。或者什么都不做，什么也不想，就是看看身边的景色，放松一下自己的心情，肯定会有意想不到的效果。

活得饱满又快乐，并不只是因为拥有

有个人在沙漠中穿行，遇到风沙暴，迷失了方向。

两天后，烈火般的干渴几乎摧毁了他生存的意志。沙漠就像一座极大的火炉要蒸干他的血液。绝望中的他却意外地发现了一幢废弃的小屋，他拼尽了最后的气力，才拖着疲惫不堪的身子，爬进堆满枯木的小屋。定睛一看，枯木中隐藏着一架抽水机，他立刻兴奋起来，拨开枯木，上前汲水，但折腾了好一阵，也没能抽出半滴水来。

绝望再一次袭上心头，他颓然坐地，却看见抽水机旁有个小瓶子，瓶口用软木塞堵着，瓶上贴了一张泛黄的纸条，上边写着：你必须用水灌入抽水机才能引水！不要忘了，在你离开前，请将瓶子里的水装满！

他拨开瓶塞，望着满瓶救命的水，早已干渴的内心立刻爆发了一场生死决战：我只要将瓶里的水喝掉，虽然能不能活着走出

把生活和未来过成你想要的样子

沙漠还很难说，但起码能活着走出这间屋子！倘若把瓶中唯一救命的水倒入抽水机内，或许能得到更多的水，但万一汲不上水，我恐怕连这间小屋也走不出去了……

最后，他把整瓶水全部灌入那架破旧不堪的抽水机，接着用颤抖的双手开始汲水……水真的涌了出来！他痛痛快快地喝了一顿，然后把瓶子装满，用软木塞封好，又在那泛黄的纸条上写上：相信我，真的有用。

几天后，他终于穿过沙漠，来到绿洲。每当回忆起这段生死历程，他总要告诫后人：在取得之前，要先学会付出。

在人生中，在通往成功和财富的路上，我们往往并不是缺少获得扶持的机遇，而是没有好好把握机遇。正如上边那个故事中的人，如果喝光了瓶中的水，他永远也看不到抽水机里奔涌出来的水，究竟黄纸条上说的是真还是假，恐怕他到死也无法断定。

这个道理或许听来很平常，但真要"学会付出"，恐怕也不是每个人都能做到的。让高尚的品德和人生的智慧迸射出来吧，"先学会付出"，让成功从这里开始！

生活的目标是善良。这是我们的灵魂所固有的一种感情。

你不是一个人在战斗

　　岩石长年累月地经受风侵雨蚀，裂开了一道缝。

　　一粒草的种子落到岩缝里来。

　　岩石说："孩子，你怎么到这儿来了？我太贫瘠了，养不活你啊！"

　　种子说："老妈妈，别担心，我会长得很好的。"

　　经过阵阵春雨的滋润，种子从岩缝里冒出了嫩芽。

　　阳光爱抚地照耀着它，春风柔和地轻拂着它，雨露更不断地给这不平凡的幼芽以最慈爱的关怀和哺育。

把生活和未来过成你想要的样子

小草渐渐长大了，长得很健康、很结实。

岩石高兴地说："孩子，你真不错！你是倔强的，是值得我们骄傲的！"它用自己风化了的尘泥，把小草的根拥抱得更紧。

一个诗人走过，看见了从岩缝里长出来的小草，不禁欣喜地吟咏道："啊！小草的生命多么顽强，我要千百遍地赞美它。"

小草谦逊地说："值得赞美的不是我，而是阳光和雨露，还有紧抱着我的根的岩石妈妈。"

小草生活在岩缝里，生长很艰难，可是它却没有抱怨命运的不公，而是依靠自己的力量顽强地生长着。

为了掌握自己的命运，我们就要做精神上的强者，做坚忍不拔、威武不屈的人。人的精神力量是无穷无尽的。世间不存在人无法克服的艰难困苦。人对于这些艰难困苦不应默默地承受，而要去克服它们，使自己变得更加坚强。当你感到困难无法克服，头脑中出现退却的念头，想走捷径的时候，你可别怜悯自己。怜悯自己是意志薄弱的表现，它能使强者变成弱者。而做一个弱者，其命运是不能令人羡慕的。弱者的乐趣既渺小又贫乏，他不懂得生活的真正幸福，理想对于他来说是不可思议的，也是无法达到的，因为懦弱会发展成为自私和胆小。你越觉得自己是强人，你心中藏着"努力奋进"的动力就越强大。要是你让你身上那种怜悯自己的感情滋长的话，那么你心中渴望进取的动力就会永远保持沉默。对于无病呻吟和灰心丧气，对于软弱和绝望，你要毫不妥协，毫不留情。

不要为了避免结束，拒绝所有的开始

人要主宰自己，做自己的主人。沮丧的面容、苦闷的表情、恐惧的思想和焦虑的态度是缺乏自制力的表现，是你弱点的表现，是不能控制环境的表现。它们是你的敌人，要把它们抛到九霄云外。

有一个富翁，在一次大生意中亏光了所有的钱，并且欠下了债，他卖掉房子、汽车，还清了债务。

他孤独一人，无儿无女，穷困潦倒，唯有一条心爱的猎狗和一本书与他相依为命，相依相随。在一个大雪纷飞的夜晚，他来到一个荒僻的村庄，找到一个避风的茅棚。他看到里面有一盏油灯，于是用身上仅存的一根火柴点燃了油灯，拿出书来准备读书。

一阵风忽然把灯吹灭了，四周立刻漆黑一片。这位孤独的老人陷入了黑暗之中，对人生感到深深的绝望，他甚至想到了结束自己的生命。但是，站在身边的猎狗给了他一丝慰藉，他无奈地叹了一口气沉沉睡去。

第二天醒来，他忽然发现心爱的猎狗也被人杀死在门外。抚摸着这只相依为命的猎狗，他突然决定要结束自己的生命，世间再没有什么值得留恋的了。

于是，他最后扫视了一眼周围的一切。这时，他不由得发现整个村庄都陷入一片可怕的寂静之中。他急步向前，啊，太可怕了，尸体，到处是尸体，一片狼藉。显然，这个村庄昨夜遭到了匪徒的洗劫，连一个活口也没留下来。

看到这可怕的场面，老人不由得心念急转，啊！我是这里唯一幸存的人，我一定要坚强地活下去。

此时，一轮红日冉冉升起，照得四周一片光亮，老人欣慰地想：我是这个世界上唯一的幸存者，我没有理由不珍惜自己。虽然我失去了心爱的猎狗，但是，我得到了生命，这才是人生最宝贵的。

老人怀着坚定的信念，迎着灿烂的太阳又出发了。

人生总有得意和失意的时候，一时的得意并不代表永久的得意；然而，在一时失意的情况下，如果你不能把心态调整过来，就很难再有得意之时。

故事中的老人，在失意甚至绝望的状态下，重新寻回了希望，赶走了悲伤。这不能不说是他人生中的又一大转折。

联想到我们日常的生活和学习，如果遇到失意或悲伤的事情时，我们一样要学会调整自己的心态。

如果你的演讲、你的考试和你的愿望没有获得成功；如果你曾经尴尬；如果你曾经失足；如果你被训斥和谩骂，请不要耿耿于怀。对这些事念念不忘，不但于事无补，还会占据你的快乐时光。抛弃它们吧！走出阴影，沐浴在明媚的阳光中，把它们彻底赶出不管过去的一切多么痛苦、多么顽固，把它们抛到九霄云外。不要让担忧、恐惧、焦虑和遗憾消耗你的精力。把你的精力投入未来的创造中吧。请记住：生命在，希望就在！

你的心灵。如果你因为鲁莽而犯过错误；如果你被人咒骂；如果你的声誉遭到了毁坏，不要以为你永远得不到清白，勇敢地走出失败的阴影吧！

　　让那担忧和焦虑、沉重和自私远离你；更要避免与愚蠢、虚假、错误、虚荣和肤浅为伍；还要勇敢地抵制使你失败的恶习和使你堕落的念头，你会惊奇地发现，你人生的旅途是多么的轻松、自由，你是多么的自信！

不是没出路，是你没思路

詹妮芙·帕克是美国鼎鼎有名的女律师。她被自己的同行——老资格的律师马格雷愚弄过一次，但是，恰恰是这次愚弄使詹妮芙名扬美国。

使詹妮芙扬名的故事是这样的。

一位名叫康妮的女孩儿被美国"全国汽车公司"制造的一辆卡车撞倒，司机踩了刹车，卡车把康妮卷入车下，导致康妮被迫截去了四肢，骨盆也被轧碎。康妮说不清楚自己是在冰上滑倒跌入车下，还是被卡车卷入车下，马格雷则巧妙地利用了各种证据，推翻了当时几名目击者的证词，康妮因此败诉。

伤心、绝望的康妮向詹妮芙·帕克求援。詹妮芙通过调查掌握了该汽车公司的产品近年来的 15 次车祸——原因完全相同，该汽车的制动系统有问题，急刹车时，车子后部会打转，把受害者卷入车底。

詹妮芙对马格雷说："卡车制动装置有问题，你隐瞒了它。我希望汽车公司拿出 200 万美元来给那位姑娘，否则，我们将会提出控告。"

马格雷回答道："好吧，不过我明天要去伦敦，一个星期后回来，届时我们研究一下，做出适当安排。"

一个星期后，马格雷却没有露面。詹妮芙感到自己上当了，但又不知道为什么上当，她的目光扫到了日历上——詹妮芙恍然大悟，诉讼时效已经到期了。

詹妮芙怒气冲冲地给马格雷打了个电话，马格雷在电话中得意扬扬地放声大笑："小姐，诉讼时效今天过期了，谁也不能控告我们了！希望你下一次变得聪明些！"

詹妮芙几乎要被气疯了，她问秘书："准备好这份案卷要多长时间？"

秘书回答："需要三四个小时。现在是下午1点钟，即使我们用最快的速度草拟好文件，再找到一家律师事务所，由他们草拟出一份新文件交到法院，那也来不及了。"

"时间！时间！该死的时间！"詹妮芙急得团团转。突然，一道灵光在她的脑海中闪现——"全国汽车公司"在美国各地都有分公司，为什么不把起诉地点往西移呢？隔1个时区就差1个小时啊！

位于太平洋上的夏威夷在西十区，与纽约时间相差整整5个小时！对，就在夏威夷起诉！

詹妮芙赢得了至关重要的几个小时，她以雄辩的事实、催人泪下的语言，使陪审团的成员们大为感动。

陪审团一致裁决：詹妮芙胜诉，"全国汽车公司"赔偿康妮600万美元损失费！

一个人无法逃脱的，是自己为自己编织的牢笼

记得有位哲人曾说："我们的痛苦不是问题的本身带来的，而是我们对这些问题的看法而产生的。"这句话很经典，它引导我们学会解脱，而解脱的最好方式是面对不同的情况，用不同的思路去多角度地分析问题。因为事物都是多面性的，视角不同，所得的结果就不同。

相信一句话：要解决一切困难是一个美丽的梦想，但任何一个困难都是可以解决的。

一个问题就是一个矛盾的存在，而每一个矛盾只要找到合适的节点，都可以把矛盾的双方统一。这个节点在不停地变幻，它总是在与那些处在痛苦中的人玩游戏。转换看问题的视角，不要用一种方式去看所有的问题和问题的所有方面。如果那样，你肯定会钻进一个死胡同，离问题的解决越来越远，处在混乱的矛盾中而不能自拔。

活着是需要睿智的。如果你不够睿智，那至少可以豁达。以乐观、豁达、体谅的心态看问题，就会看出事物美好的一面；以悲观、狭隘、苛刻的心态去看问题，你会觉得世界一片灰暗。两个被关在同一间牢房里的人，透过铁栏杆看外面的世界，一个看到的是美丽神秘的星空，另一个看到的是地上的垃圾和烂泥，这就是区别。

换个视角看人生，你就会从容坦然地面对生活。当痛苦向你袭来的时候，不要悲观气馁，要寻找痛苦的原因、教训及战胜痛苦的方法，勇敢地面对这多舛的人生。

换个视角看人生，你就不会为战场失败、商场失手、情场失意而颓废，也不会为名利加身、赞誉四起而得意忘形。

换个视角看人生，是一种突破、一种解脱、一种超越、一种高层次的淡泊宁静，从而获得自由自在的乐趣。

转一个视角看世界，世界无限宽大；换一种立场对待人事，人事无不畅通。

你以为自己想去的远方，其实都是你的前方

只要有信心，你就能移动一座山。只要坚信自己会成功，你就能成功。

宋朝，有一段时期战争频频，大将军李卫带领人马杀赴疆场，不料自己的军队势单力薄，寡不敌众，被困在小山顶上，眼看将被敌军吞没。就在士气大减，甚至将要缴械投降之际，大将军李卫站在大家面前说："士兵们，看样子我们的实力是不如人家了，可我却一直都相信天意，老天让我们赢，我们就一定

能赢。我这里有 9 枚铜钱，向苍天祈求保佑我们冲出重围。我把这 9 枚铜钱撒在地上，如果都是正面，一定是老天保佑我们；如果不全是正面的话，那肯定是老天告诉我们不会冲出去的，我就投降。"

此时，士兵们闭上了眼睛，跪在地上，烧香拜天祈求苍天保佑，这时李卫摇晃着铜钱，一把撒向空中，落在了地上，开始士兵们不敢看，谁会相信 9 枚铜钱都是正面呢！可突然一声尖叫："快看，都是正面。"大家都睁开了眼睛往地上一看，果真都是正面。士兵们跳了起来，把李卫高高举起喊道："我们一定会赢，老天会保佑我们的！"

李卫拾起铜钱说："那好，既然有苍天的保佑，我们还等什么，我们一定会冲出去的！各位，鼓起勇气，我们冲啊！"

就这样，一小队人马竟然奇迹般战胜了强大的敌人，突出重围，保住了有生力量。过些时候，将士们谈起了铜钱的事情，还说："如果那天没有上天保佑我们，我们就没有办法出来了！"

这时候李卫从口袋掏出了那 9 枚铜钱，大家惊奇地发现，这些铜钱的两面都是正面的！

虽然只是几枚小小的铜钱，却让这小队人马的命运为此而改变。细细体味故事时，我们能够领悟到，战斗胜利的根源其实是在于：信心。

自信比金钱、势力、出身、亲友更有力量，是人们从事任何事业的最可靠的资本。自信能排除各种障碍、克服种种困难，能使事业获得完满的成功。有的人最初对自己有一个恰当的估计，自信能够处处胜利，但是一经挫折，他们却又半途而废，这是因为他们自信心不坚定的缘故。所以，树立了自信心，还要使自信心变得坚定，这样即使遇到挫折，也能不屈不挠，向前进，绝不会因为一时的困难而放弃。

那些成就伟大事业的卓越人物在开始做事之前，总是会有充分信任自己能力的坚定的自信心，深信所从事之事业必能成功。这样，在做事时他们就能付出全部的精力，破除一切艰难险阻，直达成功的彼岸。

第九辑

谁不是学着去爱

爱情这种免费的东西，其实很贵

亲情、友情和爱情是每一个人一生都要面对的三大课题，经历了亲情、友情和爱情之后的人生才完整。除了亲情之外，人们，尤其是年轻人，总是对爱情和友情之间的界限难以把握。青春期又是一个身体和心理双重发展的时期，如果对于友情和爱情处理不好，会影响到今后的生活甚至是一生的幸福。

一个充满稚气的大男孩里查，与一个同样充满稚气的大女孩安妮玩得很好，两人感情很融洽。

"你们在相爱！"旁人评论说。

"是吗？我们在相爱吗？"他们问别人，也问自己。是的，他们弄不清自己是在与对方相爱，还是在与对方享受朋友间的友谊。

于是，他们去问智者。

"告诉我们友谊与爱情的区别吧！"他们恳求道。

智者含笑看着两个年轻人，说道：

"你们给我出了一个最难解的难题。爱情和友谊像一对性格爱是生命的源泉。因为有了爱情，人生才被装点得更加丰富多彩。

迥异的孪生姊妹，它们既相同，又不同。有时，它们很容易区分，有时却无法辨别……"

"请举例说明吧！"大男孩和大女孩说。

"它们都是人间最美好、最温馨的情感。当它们给人们带来美，带来善，带来快乐时，它们无法区别；当它们遇到麻烦和波折时，反应就大不相同了。"

"比如……"男孩和女孩问。

"比如，爱情说：你是属于我一个人的；友谊却说：除了我，你还可以有她和他。

"友谊来了，你会说：请坐请坐；爱情来了，你会拥抱着她，什么也不说。

　　"爱情的利刃伤了你时，你的心一边流血，你的眼却渴望着她；友谊的锋芒刺痛了你时，你会转身而去，拔去芒刺，不再理她。

　　"友谊远行时，你会笑着说：祝你一路平安！爱情远行时，你会哭着说：请你不要忘了我。

　　"爱情对你说：我有时是奔涌的波涛，有时是一江春水，有时又像凝结的冰；友谊对你说：我永远是艳阳照耀下的一江春水。

　　"当你与爱情被逼至绝路时，你会说：让我们一起拥抱死亡吧；当你与友谊被逼得走投无路时，你会说：让我们各自找条生路吧。

　　"当爱情遗弃了你时，你可能大醉三天，大哭三天，又大笑三天；当友谊离你而去时，你可能叹一天气，喝一天茶，又花一天的时间寻找新的友谊。

　　"当爱情死亡时，你会跪在她的遗体边说，我其实已经同你一起死了；当友谊死亡时，你会默默地为她献上一个花圈，把她的名字刻在你的心碑上，悄然而去……"

　　大男孩和大女孩听后相视而笑，他们互相问道：

　　"当我远行时，你是笑呢还是哭？"

　　看了这段小故事，你真正明白了什么叫爱情、什么叫友情了吗？或许，懂得爱情并不是一件难事：当爱情悄然而至的时候，你自然就会明白你在爱了。或许，真正懂得爱情，也不是一件容易的事：有好多人一生都不明白什么叫爱；只是在爱情默然离开的时候，捶胸顿足，扼腕叹息。对于友谊和爱情，每个人都有自己的区分尺度。但是，不管怎样，有一点是可以肯定的，爱情总是较友谊更为炽烈，更为专一，更为投入。当你发现自己真爱上一个人，你的心里便不再容纳其他，而当他的爱逝去，你会觉得失去的是整个世界，爱情更多的时候是作为人生的意义而存在的。

人总会依次经历亲情、友情和爱情，从而逐渐走向成熟和完整。而爱情正是从友情到亲情的过渡阶段。因为爱情，本来不相干的人，成为一路牵手的人生伴侣，有了血缘的交融、爱情的结晶，成为亲人。正因如此，爱情才伟大，才需要我们每个人用心去经营，认真地对待。

希望你爱得简单，有面包也懂浪漫

爱情是一种浪漫的体验。这种体验使任何事物在恋爱者的眼中，都是一种美好。爱情中不能没有浪漫，没有浪漫，也就没有了爱情，爱情建立在双方因相互的好感而出现的良好氛围之上；然而，爱情的浪漫毕竟只是一种主观的、很缥缈的东西，总是依赖于现存的事情上，没有现实做基础的爱情也是不牢固的，总有一天泡沫破了，梦也就醒了。

一对情侣结伴到山里去露营。晚上睡觉的时候，一个人问另一个人："你看到什么呀？"另一个人回答："我看到满天的星星，深深感觉到宇宙的浩瀚，造物主的伟大，我们的生命是多么的渺小和短暂……那你又看到什么了？"

那个先开口说话的人冷冷地道："我看见有人把我们的帐篷偷走了。"

"我能想到最浪漫的事，就是和你一起慢慢变老；一路上收藏点点滴滴的欢笑，留到以后坐着摇椅慢慢聊……"人生短暂，几十载光阴，如梦般飘逝无痕，如果能和自己心爱的人，在余晖下，相依携手看天边的浮云，看飘零的枫叶，这何尝不是人世间最大的幸福呢？

把生活和未来过成你想要的样子

只顾精神的纯浪漫主义者，他们的生活很可能会过得很寒酸；而完全埋头于实际事务中没有想象力的现实主义者，他们的生活又是多么枯燥乏味。生活需要的是二者的适度结合。

其实，真正的爱情，既不缺乏物质基础，又会让人感到精神满足。在爱情中，女孩往往比男孩更容易感情用事，更倾向于追求浪漫的情节而忽视现实因素。

"浪漫"和"现实"是一对恋人，他们两人如胶似漆地相爱着，真可以说是一日不见，如隔三秋。

一次，为了考察"现实"对自己的忠诚程度，"浪漫"问："你到底爱不爱我？"

"12分地爱你！""现实"回答。

"那假设我去世了，你会不会跟我一起走？"

"我想不会。"

"如果我这就去了，你会怎样？"

"我会好好活着！"

"浪漫"心灰意懒，深感"现实"靠不住，一气之下和"现实"分开了，去远方寻觅真爱。

"浪漫"首先遇到了"甜言"，接着又碰见"蜜语"，相处一年半载后，均感不合心意。过烦了流浪的日子，"浪漫"通过比较，觉得"现实"还是多少出色一些，就又来到"现实"面前。

此时，"现实"已重病在床，奄奄一息。

"浪漫"痛心地问："你要是去世了，我该咋办呢？"

"现实"用最后一口气吐出一句话："你要好好活着！"

"浪漫"猛然醒悟。

看了上面的小故事，我们无法不为它所震撼。其实，真正的浪漫，来自对生活的真实面对，来自对爱人的真心付出。男孩不肯用虚华的甜言蜜语来欺骗女孩的感情，这正是发自心底的真爱，也是对女孩和自己人生的负责。

真正的浪漫不是浅薄的、程式化的甜言蜜语，也不是死去活来的心灵激荡；它应该是一种切实的温馨与美好，是一种真正的、全心全意为对方着想的相互关爱。彼此携手，互相扶助，共同面对生活的风雨；以一颗浪漫美好的心，认真地生活——这才是爱情的真谛！

若不珍惜，谁能许你未来

我们要懂得珍惜当下的幸福，不要等到失去了才追悔莫及，也不要把所有的希望都放在未来，这样我们才能及时品味到人生的乐趣。

从前，有一座圆音寺，每天都有许多人上香拜佛，香火很旺。在圆音寺庙前的横梁上有个蜘蛛结了张网，由于每天都受到香火和虔诚的祭拜的熏陶，蜘蛛便有了佛性。经过了 1000 多年的修炼，蜘蛛的佛性增加了不少。

忽然有一天，佛祖光临了圆音寺，看见这里香火甚旺，十分高兴。离开寺庙的时候不经意间看见了横梁上的蜘蛛。佛祖停下来，问这只蜘蛛："你我相见总算是有缘，我来问你个问题，看你修炼了这 1000 多年来，有什么真知灼见。"

蜘蛛遇见佛祖很是高兴，连忙答应了。佛祖问道："世间什么才是最珍贵的？"蜘蛛想了想，回答道："世间最珍贵的是'得不到'和'已失去'。"佛祖点了点头，离开了。

蜘蛛依旧在圆音寺的横梁上修炼。

有一天，刮起了大风，风将一滴甘露吹到了蜘蛛网上。蜘蛛望着甘露，见它晶莹透亮，很漂亮，顿生喜爱之意。蜘蛛看着甘露，它觉得这是它最开心的几天。突然，又刮起了一阵大风，将甘露吹走了，蜘蛛很难过。这时佛祖又来了，问蜘蛛："蜘蛛，世间什么才是最珍贵的？"蜘蛛想到了甘露，对佛祖说："世间最珍贵的是'得不到'和'已失去'。"佛祖说："好，既然你有这样的认识，我让你到人间走一趟吧。"

蜘蛛投胎到了一个官宦家庭，成了一个富家小姐，父母为她取了个名字叫蛛儿。一晃，蛛儿到了 16 岁，出落成了一个楚楚动人的少女。

这一日，皇帝决定在后花园为新科状元郎甘鹿举行庆功宴席。宴席上来了许多妙龄少女，包括蛛儿，还有皇帝的小公主长风。

状元郎在席间表演诗词歌赋，大献才艺，在场的少女无一不被他所折服。但蛛儿一点也不紧张和吃醋，因为她知道，这是佛祖赐予她的姻缘。

过了些日子，蛛儿陪同母亲上香拜佛的时候，正好甘鹿也陪同母亲而来。上完香拜过佛，两位长辈在一边说话。蛛儿和甘鹿便来到走廊上聊天，蛛儿很开心，终于可以和喜欢的人在一起了，但是甘鹿并没有表现出对她的喜爱。蛛儿对甘鹿说："你难道不记得16年前圆音寺蜘蛛网上的事情了吗？"甘鹿很诧异，说："蛛儿姑娘，你很漂亮，也很讨人喜欢，但你的想象力未免太丰富了吧。"说罢，和母亲离开了。

几天后，皇帝下诏，命新科状元甘鹿和长风公主完婚，蛛儿和太子芝草完婚。这一消息对蛛儿如同晴天霹雳，她怎么也想不通，佛祖竟然这样对她。几日来，她不吃不喝，生命危在旦夕。太子芝草知道了，急忙赶来，扑倒在床边，对奄奄一息的蛛儿说道："那日，在后花园众姑娘中，我对你一见钟情，我苦求父皇，他才答应。如果你死了，那么我也就不活了。"

说着就拿起了宝剑准备自刎。

这时，佛祖来了，他对快要出壳的蛛儿的灵魂说："蜘蛛，你可想过，甘露（甘鹿）是风（长风公主）带来的，最后也是风将它带走的。甘鹿是属于长风公主的，他对你不过是生命中的一段插曲。而太子芝草是当年圆音寺门前的一棵小草，他看了你3000年，爱慕了你3000年，但你却从没有低下头看过它。蜘蛛，我再问你，世间什么才是最珍贵的？”蜘蛛一下子大彻大悟，她对佛祖说：“世间最珍贵的不是‘得不到’和‘已失去’，而是现在能把握的幸福。”刚说完，佛祖就离开了，蛛儿的灵魂也回位了，她睁开眼睛，看到正要自刎的太子芝草，马上打落宝剑，和太子深情地抱在一起……

生活总是这样捉弄人，想要的得不到，不留恋的却偏偏徜徉身边。当那个“爱我的人”对我们还恋恋不舍的时候，我们以为这一切幸福都不会消失，我们理所当然地接受他们的爱，心里却在为“得不到”与“已失去”的黯然神伤。日子一天天地滑过，直到有一天那个“爱我的人”因失望而选择离开时，我们才蓦然惊醒：原来他(她)才是上天许给我的姻缘！因此要懂得：珍惜眼前人。

陪伴还是占有，你真的会爱吗？

旷世才女林徽因与徐志摩有过一段恋情，但后来在梁启超的大力促成下，林徽因嫁给了梁启超的儿子梁思成，成就一段良缘。梁思成与林徽因在建筑上的许多见解都影响深远。但著名的哲学家、逻辑学家及教育家金岳霖，为了林徽因却终生未娶。

梁思成在林徽因死后续娶他的学生林洙，林洙在怀念金岳霖的文集里披露了一段故事：当时梁林夫妇住在总布胡同，金岳霖就住在后院，但另有旁门出入，平时走动得很勤快，就像一家人。1931年梁思成从外地回来，林徽因很沮丧地告诉他："我苦恼极了，因为我同时爱上了两个人，不知道怎么办才好！"梁思成非常震惊，内心有一种无法形容的痛苦，仿佛连血液都凝固了。他一夜无眠翻来覆去地想，他一方面觉得痛苦，另一方面也很感谢林徽因的坦诚，她坦白而诚实得好像是个小妹妹有了麻烦向哥哥讨主意。他问自己，徽因到底和谁在一起会比较幸福。他虽然自知他在文学、艺术上有一定的修养，但金岳霖那哲学家的头脑，是自己及不上的。第二天，他告诉林徽因："你是自由的，如果你选择了老金，我祝愿你们永远幸福。"说着说着，两个人都哭了。后来林徽因将这些话转述给金岳霖，金岳霖回答："看来思成是真正爱你的，我不能伤害一个真正爱你的人，我应该退出。"从此他们再不提这件事，三个人仍旧是好朋友，不但在学问上互相讨论，有时梁思成和林徽因吵架，也是金岳霖做仲裁，把他们弄不清楚的问题弄明白。

金岳霖再不动心，终生未娶，待林梁的儿女如己出。

我们不禁对这两个男人博大的胸怀和洒脱的性情肃然起敬！他们是真正领悟了爱情的真谛：给爱人自由，尊重爱人的选择。当林徽因面临爱情的抉择时，两个男人都从他们的爱人和朋友的幸福出发，做出让步，让所爱的人真正快乐。而做出这样的选择需要何等的勇气！正如有所放弃就会有回报一样，梁思成的让步使他再次赢得了爱，金岳霖的让步使他们之间的友谊更加深厚、更加牢固。

我们即使做不到这两位先辈那样的洒脱，但我们也要学会如何去爱我们所爱的人。我们要学会在适当的时候放手，给对方以追求幸福的机会，同时也成全我们自己的幸福和快乐。因为，放手的同时，意想不到的快乐也会悄然降临。

不是没你不行，而是有你更好

爱的真谛不是自私也不是约束，更不是占有，而是要让对方自由地飞翔。1853 年，作曲家布拉姆斯幸运地结识了舒曼夫妇。

舒曼非常赏识布拉姆斯的音乐天赋，并热情地向音乐界推荐了这位年仅 20 岁的后起之秀。

但不幸的是，半年后舒曼就因精神失常而被送进了疯人院。当时，舒曼的夫人克拉娜正怀着身孕，残酷的现实使她悲恸欲绝，难以接受。这时，布拉姆斯来到了克拉娜身边，诚心诚意地照顾她和孩子，还时常到疯人院看望恩师舒曼。

克拉娜是一位很有教养、品行高尚的钢琴家。在那段患难与共的日子里，布拉姆斯难以抗拒地深陷了，他最初对克拉娜的崇拜，竟渐渐转化成真挚的爱恋。尽管她大他 14 岁，而且已是 7 个孩子的母亲，但这些丝毫不能减弱他对她的痴情，爱恋的情感，毫不留情地深深将他包围。然而，他也清楚地知道，克拉娜永远不会响应这份深刻的情感，可是他仍不放弃，只求能够静静地陪伴、支持自己的所爱。

其实，克拉娜并非不知，但她始终克制着自己……布拉姆斯从克拉娜身上看到了自我克制的人性光辉，这样的克拉娜，让他更为恋慕，因此他决意成全。他将满腔的情意，投诸文字之中，不断地写情书给克拉娜，却始终一封也未寄出。他更把所有的爱

把生活和未来过成你想要的样子

恋都倾注在五线谱上，整整20年，他终于写成了《小调钢琴四重奏》，一座用20年生命和激情铸造的爱情丰碑！

爱的最高境界不是索取，而是真心希望对方获得幸福。如果仅仅将爱的定义等同于占有，那么就将爱庸俗化了。

故事中作曲家布拉姆斯对克拉娜炽烈的爱无处倾诉，他选择了将爱谱写成乐曲，这种人性的高尚也使得他的作品多了一份庄严的分量。

真爱一个人不是要得到他，或放置身边，而是内心为他祈愿。如果不能在一起，就不要捅破这层纸，让美丽永驻心间。

爱是让生命不那么痛苦的东西

一家新开业的礼品店热闹了一阵后，慢慢地安静了下来。年轻的姑娘黛丝刚把凌乱的柜台整理好，一位20多岁的男青年进了店。他瘦瘦的脸颊，戴了副近视镜。他冷冰冰的目光在店中搜索，最后落在窗边那只柜台里。黛丝顺着男青年的目光看去，见他正盯着一只绿色玻璃龟出神。

她走过去轻声问道："先生，您喜欢这只龟吗？我拿出来给您看。"

男青年似乎对看与不看并不在意，伸手把钱包掏出来，问道："多少钱一只？"

"20 元。"

青年不假思索地把钞票拍在柜台上。

面对黛丝递过来的乌龟，青年人眯起眼睛慢慢地欣赏着，脸上的肌肉时不时地抽动一下，继而一丝笑容勉强地跳了出来。他自言自语道："好，把它作为结婚礼物是再好不过了。"青年的脸兴奋得有点扭曲，两眼灼灼闪光。

黛丝在一旁细心地观察着青年，她对青年自言自语的那句话感到极大的震惊。虽然她刚刚离开校门不久，但她知道那种东西若出现在婚礼上，无疑是投下一枚重磅炸弹。黛丝表情平静地问道："先生，结婚的礼物应当好好包装一下。"说完弯腰到柜台下找着什么。"真不巧，包装盒用完了。"女孩说道。

"那怎么行，明天一早我就要用的。"

黛丝忙说："不要紧，您先到别处转一下，20 分钟以后再来，我包装好了等您，保证让您满意。"

20 分钟以后，青年如约取走了那盒包装得极精美的礼物，像战士奔赴战场一样，去参加他深深爱过的一位姑娘的婚礼。

婚礼的第二天晚上，青年终于等到了姑娘打来的电话，当他听到那久违而又熟悉的声音时，双腿一软竟坐在了地板上。

这一天他度日如年，是在悔恨和自责中熬过的。他像一个等待法官宣判的罪人一样，等待着姑娘对他的怒斥。可他万万没想

把生活和未来过成你想要的样子

到，电话中传来的却是姑娘甜甜的道谢声："我代表我的先生，感谢你参加我们的婚礼，尤其是你送来的那份礼物，更让我们爱不释手……"爱不释手？他简直不相信自己的耳朵，他不知道通话是怎么结束的。

青年度过了一个不眠之夜。清早，他来到礼品店，进门一眼就看见那只乌龟还躺在柜台里，此时他似乎明白了一切。

对青年的突然出现，黛丝的确感到有些意外。望着他那红肿的眼睛，黛丝发现里面已不再是那绝望的冷酷。青年的嘴唇哆嗦了一下，似乎要说些什么。突然他走到黛丝面前深深地鞠了一躬，等他再抬头时，已是泪流满面。他哽咽地说道："谢谢你，谢谢你阻止我滑向那可怕的深渊。"

黛丝见青年已经明白了一切，从柜台里取出一个盒子，打开后交给了他，轻声说道："这才是你送去的真正礼物。"原来那是一尊水晶玻璃心，两颗相交在一起的、什么力量也无法把它们分开的水晶玻璃心。此时，一缕晨光透过窗子照在水晶心上，折射出一串绚丽的七彩光来。

青年惊叹道："太美了，实在太美了。这么贵重的礼物，我付的钱一定是不够的。"

黛丝忙打断他说道："论价值它们是有差别的，但它如果能了却你们以前的恩恩怨怨，那它也就物有所值了。至于两件礼物之间所差的那点钱，也不必想它，将来你还会遇到更好的姑娘，那时候你再到我的店里多买些礼物送给她，就算感谢我了。"

无论是谁在遭到自己最爱的人无情的离弃后，那份悲愤与怨恨都是不难想象的。可是为什么重逢之际，当初那种火山喷涌的怨怒与报复欲没能复燃，却要情不自禁地用一颗同情的心体谅对方。对曾经负情之人再伸出温情之手或选择悄悄走开，这说到底，还是爱。因为，他们真正地爱过、痛过。那份爱，深入骨髓，温暖过他们的心灵和生命旅程。时间的流水可以带走很多东西，诸如忧伤、仇恨，但永远抹不去最初的那份爱恋在心灵上留下的温馨、美好与感动。那份爱，已如磐石，无法撼动。没有人会为了收获仇恨而去播种爱的种子。即使不能相爱，即使爱过的人伤害过我们，我们也不该因爱成仇，而是要学会忘却。

把生活和未来过成你想要的样子

爱有何难，难的是陪伴

从前，一位天使路过山涧的时候，遇到一位男孩。他们相爱了，就在山上建造了爱的小屋。

天使每天都要飞来飞去，但她真的很爱这位男孩，得空的时候就来陪伴他。

一天，天使与心爱的男孩在山涧散步。忽然，她说："如果有一天，你不再爱我了，我会离开你。因为没有爱的日子，我活不下去。那时候，我就会飞到另一个男孩的身边。"

男孩看了天使一会儿，坚定地说："我永远爱你！"

他们的日子过得很幸福，但是，男孩总觉得天使说不定哪一天就会离开他，飞到另一个男孩的身边了。于是，一天晚上，男孩趁着天使熟睡的时候，把天使的翅膀藏了起来。

天亮以后，天使生气地说："把我的翅膀还给我！为什么要这样？你不爱我了，你不爱我了……"

"我没有，我还是爱你的！我没有藏你的翅膀，真的，相信我好吗？"

"你骗人，你说谎，我不相信你了，我感觉你不爱我了！"

当她从柜子里找出翅膀后，就头也不回地飞走了。

男孩很难过，也很怀念那段美好的时光。他后悔了，就独自坐到山头的风口上，默默地忏悔："纵然我爱你爱得发狂，也不能剥夺你自由飞翔的权利，是吗？我应该给你足够的自由，让彼此有喘息的空间。我现在真的懂了，你还能回来吗……"

忽然间，天使出现了。她温柔地说："我回来了，亲爱的！"

"你真的不走了，真的还爱着我？"

天使微笑着说："我感觉到，你还是爱我的，对吗？只要你还爱着我，我就一直爱着你。"生活中一些事情常常是物极必反的：你越是想得到他的爱，越要他时时刻刻不与你分离，他越会远离你，所以我们应该让爱人有自己的天地，爱人时常需要从爱的锁链里挣脱出来。如果我们能够帮助并支持他们，那么我们的爱就会永存。

爱是不将就，亦不苛求

爱是相互给予，而不是不断地索取。爱情需要精心维护和营造，一味地享受爱情的甜蜜，不知给爱的花园浇水施肥，爱的花朵迟早会枯萎。

一位悲伤的少女求见爱神。

"爱神，您掌管着人世间的爱情，现在，我有件关于我的爱情的事请教您，希望您能帮助我。"

"可怜的孩子，请说吧。"爱神说。

少女停顿了一下，忧伤的声调令人心碎：

"我爱他，可是，我马上就要失去他了。"少女流泪了。

"孩子，请慢慢从头说吧，怎么回事？"爱神慈祥地说。

"我与他深深相爱着。他以他的热情，日复一日地用鲜花表达着他对我的爱。每天早上，他都会送我一束迷人的鲜花，每天晚上，他都要为我唱一首动听的情歌。"

"这不是很好吗？"爱神说。

"可是，最近一个月来，他有时几天才送一束花，有时根本就不为我唱歌了，放下花束就匆匆离去了。"

"唔？问题出在哪儿呢？你对他的爱有变化吗？"

"没有，我一直从心里深深爱着他。但是，我从来没有表露过我对他的爱，我只能以冰冷掩饰内心的热情。现在他对我的热情也在慢慢逝去，我真怕，真怕有一天失去他。爱神，请指教我，我该怎么办？"

爱神听完少女的诉说，从屋里取出一盏油灯，添了一点儿油，点燃了它。

"这是什么？"少女问。

"油灯。"

"点它做什么？"

"别说话，让我们看着它燃烧吧。"爱神示意少女安静。

灯芯哔哔地燃烧着，冒出的火苗欢快而明亮，它的光亮几乎映亮了整个屋子。然而，渐渐地，随着灯油越来越少，灯芯火焰也越来越小，光线变弱了。

"呀！该添油了！"少女道。

可是爱神示意少女不要动。任凭灯芯把灯油烧干，最后，连灯芯也烧焦了，火焰终于熄灭了，只留下一缕青烟在屋中飘浮。

少女沉思了一会儿，恍然大悟。

如同故事中的那位少女，我们许多人都固执地以为我们的爱永不褪色，永远新鲜，于是以"爱"的名义不断地向对方索取，殊不知，此刻爱已变了味道。

爱其实需要表白，还需要不断培养，否则爱情之花终究会凋落。

把生活和未来过成你想要的样子

图书在版编目（CIP）数据

把生活和未来过成你想要的样子 / 连山编著 . —北京：中国华侨出版社，2017.12（2020.1 重印）

ISBN 978-7-5113-7164-5

Ⅰ . ①把… Ⅱ . ①连… Ⅲ . ①人生哲学—通俗读物

Ⅳ . ① B821-49

中国版本图书馆 CIP 数据核字（2017）第 270799 号

把生活和未来过成你想要的样子

编　　著：连　山
责任编辑：芷　兮
封面设计：冬　凡
文字编辑：于海娣　黎　娜
美术编辑：张　诚
插图绘制：张富岩
经　　销：新华书店
开　　本：880mm×1230mm　1/32　印张：6　字数：134 千字
印　　刷：三河市铭浩彩色印装有限公司
版　　次：2018 年 1 月第 1 版　　2020 年 1 月第 3 次印刷
书　　号：ISBN 978-7-5113-7164-5
定　　价：30.00 元

中国华侨出版社　　北京市朝阳区西坝河东里 77 号楼底商 5 号
邮　　编：100028
法律顾问：陈鹰律师事务所
发 行 部：（010）88893001　　传　真：（010）62707370
网　　址：www.oveaschin.com　　E-m a i l：oveaschin@sina.com

如果发现印装质量问题，影响阅读，请与印刷厂联系调换。